石油和化工行业"十四五"规划教材

（普通高等教育）

物理化学实验

WULI HUAXUE SHIYAN

第二版

杨 萍 李林刚 主 编
吴 菊 王 宾 副主编

化学工业出版社

·北京·

内容简介

《物理化学实验》（第二版）对标理论课程各个模块设置实验项目，以加强理论与实验之间的联系。绪论部分简要介绍了物理化学实验的要求、误差和数据处理，然后按热力学、动力学、电化学、胶体与界面化学、结构化学安排了 31 个实验项目，实验项目设置时充分考虑了专业特点，注意体现物理化学原理在不同专业中的具体应用。本书将基本仪器的工作原理和使用说明紧跟在实验项目后，方便读者掌握和使用。

《物理化学实验》（第二版）简明、实用，可作为理工类院校化学、化工、材料、生物、环境、食品、轻工等专业本科生的教材。

图书在版编目（CIP）数据

物理化学实验 / 杨萍，李林刚主编；吴菊，王宾副主编. -- 2 版. -- 北京：化学工业出版社，2025.9.
（石油和化工行业"十四五"规划教材）. -- ISBN 978-7-122-48608-0

Ⅰ. O64-33

中国国家版本馆 CIP 数据核字第 20256CS624 号

责任编辑：宋林青　　　　　　　文字编辑：刘志茹
责任校对：边　涛　　　　　　　装帧设计：刘丽华

出版发行：化学工业出版社
　　　　　（北京市东城区青年湖南街 13 号　邮政编码 100011)
印　　装：三河市君旺印务有限公司
787mm×1092mm　1/16　印张 9　字数 216 千字
2025 年 9 月北京第 2 版第 1 次印刷

购书咨询：010-64518888　　　　售后服务：010-64518899
网　　址：http://www. cip. com. cn
凡购买本书，如有缺损质量问题，本社销售中心负责调换。

定　　价：28.00 元　　　　　　　版权所有　违者必究

第二版前言

物理化学实验作为化学、化工、材料等专业的核心必修基础课程，在塑造学生科学思维模式、锤炼实践操作技能、提升数据处理能力与分析素养等方面，发挥着不可替代的重要作用。该课程致力于构建物理化学理论知识与实际应用之间的坚实桥梁，通过开展验证性实验巩固基础理论认知，借助设计性实验激发学生的创新思维与实践探索能力。

自安徽理工大学与皖西学院联合编写的《物理化学实验》出版以来，我国高等教育改革不断向纵深推进，对物理化学实验教材的内容深度、呈现形式以及与教学实践的契合度均提出了更高标准。与此同时，实验仪器设备的更新迭代日新月异。为更好地适应新时代物理化学实验教学发展的迫切需求，我们组织力量对第一版教材进行了全面系统的修订，精心打磨推出《物理化学实验》第二版。

本次修订秉持"传承创新，与时俱进"的核心理念，紧密围绕应用化学、化学工程与技术、材料化学、制药工程、环境科学、材料工程等学科的人才培养目标，对物理化学实验教学体系进行了重新梳理与优化重构。在内容编排上，进一步强化实用性与准确性，及时更新物理化学实验仪器设备的介绍，同时拓展实验项目类型，力求特色突出。无论是理工类专业本科生，还是从事相关领域的科研工作者，都能在这本兼顾多专业需求的教材中找到所需。教材编写团队均由长期深耕实验教学一线的教师组成，书中内容源自丰富的教学实践积累与改革创新经验。在结构设计方面，第二版沿用了第一版的整体框架体系，在原有二十九个实验项目的基础上，新增两个实验内容，为不同院校根据专业特点和学时安排灵活选择教学内容提供了便利。此外，每个实验模块均增设了仪器使用专项说明，同时将附录数据统一整合至书末，方便读者集中查阅使用。

本书具体编写分工如下：绪论、实验五、实验十四、实验三十一由杨萍编写；实验二十六、实验二十七由李林刚编写；实验十七、实验十九、实验二十二、实验二十五由吴菊编写；实验九、实验十二、实验二十、实验二十八、实验三十由王宾编写；实验一、实验二由刘丽敏编写；实验三由龚书生编写；实验四、实验六、实验八、实验十由王涛编写；实验七、实验十一、实验十八由史然编写；实验十三、实验十六由钟煜编写；实验十五、实验二十四、实验二十九及附录由朱文晶编写；实验二十一、实验二十三由吉小利编写。

在此，我们衷心感谢长期以来关注本书修订工作、积极建言献策的广大读者，感谢第一版主编邢宏龙教授提出的宝贵修改建议，同时向为本书出版付出辛勤努力的化工出版社致以诚挚谢意。由于编者水平有限，书中难免存在不足之处，恳请各位专家学者和读者朋友不吝赐教。

编者
2025 年 5 月

第一版前言

物理化学实验是在大学物理、无机化学、分析化学和有机化学等实验之后开设的一门综合性基础化学实验，同时又是化学及其相近学科的专业实验和科学研究的基础。由于各院校所涉及的专业门类繁多，不同专业对实验内容及数量的要求也随之不同，编写过程中我们在选择实验时尽量做到兼顾各专业的不同要求，重点在于掌握基础实验的操作训练。

本书是编者根据教学改革实践和课程建设需要，结合多年的教学实践而编写的。全书共有 29 个实验，内容包括：绪论、热力学、电化学、动力学、界面与胶体化学、结构化学和设计性实验。目的在于强化培养学生的综合素质、创新意识和能力。本书可作为高等院校化学、化学工程与工艺、制药工程、材料科学与工程、环境科学与工程等专业的物理化学实验教材，也可供相关专业的研究人员参考。

本教材的特色如下。

1. 简洁实用。全书按实验系列编写，原理的叙述注重与物理化学理论课程的联系。仪器使用附在相关实验后。

2. 每一实验的结尾有"实验讨论"，重点是对本实验理论联系实际、实验条件对结果影响等方面进行的探讨，给学生以启迪。

3. 设计性实验对学生提出实验要求，提示实验关键和参考文献，要求学生独立设计方案，完成实验。这将有助于培养学生的创新意识和能力。

4. 附录列入了实验中必需的一些数据，以供学生实验中查阅。

本书绪论由邢宏龙编写；实验一、二由李欣编写；实验三、十六、十七由李林刚编写；实验四、六、八、十由王涛编写；实验五、二十由姚同和编写；实验七、十一、十四、十八、二十八由谢慕华编写；实验九、十二由黄若峰编写；实验十三、二十六由刘传芳编写；实验十五、二十四、二十九、附录由朱文晶编写；实验十九、二十二、二十五、二十七由吴菊编写。实验二十一、二十三由吉小利编写。全书由邢宏龙统稿。

由于水平有限，书中不当之处祈请读者指正，以便继续修改完善。对于给予本书写作指导和帮助的各方面人士表示谢意。

编者
2010 年 5 月

目 录

绪 论

物理化学实验是化学实验的重要分支，也是研究物理化学理论的重要方法和手段。物理化学实验是利用物理学的原理和相应的仪器，结合数学运算来研究系统的物理化学性质及其化学反应规律的一门实践性很强的课程。例如，在"可逆电池电动势的测定实验"中，使用的仪器是电学实验中的电位差计，利用对消法的电学原理，来测定不同温度下自制电池的电动势，并求得温度系数，从而进一步可求出化学反应的平衡常数及相关的一系列热力学函数值。

一、物理化学实验的目的、要求和注意事项

1. 物理化学实验目的

物理化学实验教学的主要目的是使学生初步了解物理化学的研究方法，掌握物理化学的基本实验技术和技能，掌握重要的物理化学性能测定方法，熟悉物理化学实验现象的观察和记录、实验条件的判断和选择、实验数据的测量和处理、实验结果的分析和归纳等一套严谨的工作方法。通过实验可加深学生对物理化学原理的认识和理解；培养学生理论联系实际的能力、查阅文献资料的能力、分析问题和解决问题的能力；使学生受到初步的实验研究的训练，提高学生的实验操作技能和培养学生初步进行科学研究的能力。

2. 物理化学实验要求

物理化学实验教学在重视培养学生实验技能的同时，更要重视学生研究能力的培养，并要与教学过程很好地结合起来。在这个思想指导下，本实验书要求在教学中引导学生首先做好规定的验证性实验，熟悉每一个实验的方法、技术和仪器操作。这些实验包括热力学、动力学、电化学和界面与胶体化学等的典型实验。在实验教学的后期，根据实际情况适当安排学生进行一些综合或设计性实验。综合或设计性实验是由教师给定题目，要求学生自己提出方案，并独立完成配制和标定溶液，组装仪器，以及测量和数据处理等。学生应写出研究性报告，并进行交流和总结。

在实验教学中，一些基本知识和技能，如实验数据的记录，实验数据的处理方法、实验结果的误差分析等，要提前掌握，因为这些基本技能在每一个实验中都要用到，这些基本技能的训练和严格要求，要贯穿于整个物理化学实验教学的始终。对于物理化学实验的一些基本实验方法和技术，如温度的测量和控制，压力的测量和校正，真空技术，光学测量技术，电化学测量技术等，要在学生实验操作训练的基础上，逐步进行，以提高学生解决实际问题的能力。

物理化学实验对于学生的具体要求如下。

（1）实验预习及预习报告　要求学生在开始做每个实验之前，阅读实验书的有关内容，查阅相关资料，了解实验的目的、要求、原理和仪器、设备的正确使用方法，结合实验书和有关参考资料写出预习报告。预习报告的内容包括：实验目的、简单原理、操作步骤、注意事项和原始数据记录表格。要用自己的语言简明扼要地写出预习报告，重点是实验目的、操作步骤和注意事项。

实验前，教师要检查每个学生的预习报告，必要时进行提问，并解答疑难问题。对未预习和未达到预习要求的学生，不得进行实验。

（2）实验操作　学生进入实验室后，应首先检查测量仪器和试剂是否齐全，并做好实验前的各种准备工作。实验操作时，要严格控制实验条件，在实验过程中仔细观察实验现象，详细记录原始数据，积极思考，善于发现和解决实验中出现的各种问题。

（3）实验报告　实验完毕，每个学生必须独立对自己的测量数据进行正确处理，写出实验报告，按时交给教师。在实验报告中，对必要的实验条件（如室温、大气压、药品纯度、仪器精度等）和实验数据要如实记录。实验结果的讨论包括：对实验现象的分析和解释、对实验结果的误差分析、对实验的改进意见和心得体会等。实验报告是教师评定实验成绩的重要依据之一。

（4）综合或设计性实验　对于每一个综合或设计性实验，在教师的指导下，要求学生首先自己查阅文献，提出实验方案，选择实验条件，配制和标定溶液，选择和组装仪器设备。实验结束后，要求学生以论文形式撰写实验报告，并进行交流和总结，为毕业论文和科学研究打下基础。

3. 实验注意事项

（1）实验开始前要进行仪器设备的安装和线路连接，须经教师检查合格后方能接通电源开始实验（电路连接后未经教师检查，不得接通电源）。

（2）仪器使用必须按仪器的操作规程进行，以防损坏。使用时要爱护仪器，如发现仪器损坏，立即报告指导教师并追查原因。未经教师允许不得擅自改变操作方法。

（3）特殊仪器需向实验室领取，实验完毕后及时归还。

（4）实验应在整洁有序的过程中完成，公用仪器及试剂不要随意变更原有位置，用毕应立即放回原处。

（5）实验完毕后，应将实验数据交指导教师检查并签字。

（6）实验完毕后应清理实验桌，洗净并核对仪器，经指导教师同意后方能离开实验室。

二、物理化学实验的设计方法

综合或设计性实验对于培养学生的科学研究能力非常重要，使学生有机会在实践中学到实验设计的思路和方法。这对于学生以后做毕业论文或将来从事科学研究工作都是十分必要的。设计物理化学实验的程序和步骤如下。

1. 设计程序

（1）研究实验选题。认真研究题目的内容和要求，包括题目的所属范畴，数据结果要求的精密度和准确度，哪些是直接测量的量，哪些是间接测量的量，重点、难点是什么，影响因素有哪些等。

（2）进行调研工作。查阅有关的文献资料，包括前人采用过的实验原理、实验方法、仪器装置和反应容器等，进行分析、对比、综合、归纳。

（3）写出预习报告。对实验的整体方案和某些难点的局部方案进行初步的设想和规划，并写出预习报告（除常规的要求外，必须有整体测量示意图及所需的仪器、药品清单）。实验前一周将预习报告交任课教师，以便审查方案，准备仪器和药品，否则不准做实验。

2. 设计步骤

（1）选择合适的实验研究原理和测量方法。首先根据题目内容和要求，可从前人已做过的工作中选择，也可以在前人研究的基础上提出新的实验研究原理和测量方法，也可以将前人的实验研究方案作些改进。当然如能取各家之长，重新设计更完善的实验模型更好。

（2）选配合适的测量仪器。在测量原理和测量方法确定之后，应着眼于选配合适的测量仪器。所选仪器的灵敏度、最小分度值和准确度应满足测量的误差要求，但勿盲目追求高、精、尖。测量装置要尽可能简便，容易操作与筹建。特别应注意实验仪器的精度配置，否则会造成浪费。例如，若实验结果用记录仪记录，通常只有 3 位有效数字，所以如果实验中需要测量电压数值，则不必选用有 5 位有效数字的电压表。

（3）反复实践，不断总结。实践是检验真理的标准。实验设计方案是否可行，最后要通过实践来验证。由于人们的认识与客观事物的规律不一定完全符合，因此在实践中出现这样那样的问题是必然的。要善于发现问题，总结失败的经验教训，不怕困难。在反复实践中不断改进，不断完善，直至取得满意的结果。

总之，设计的原则应体现科学观念、实践观念与经济观念。

三、物理化学实验中的误差

在物理化学实验中，不论数据的测量还是处理，都必须树立正确的误差概念。在数据测量过程中，由于受到测量仪器、方法、条件及实验者主观因素等方面的影响，测量值与数据的真值之间总是不可避免地存在着或大或小的差值。这个差值称为误差，或称为绝对误差。误差反映了测量值偏离所测物理量真值的程度。物理化学实验中必须十分重视并熟练掌握误差的概念和表达方法。

根据误差的来源及性质不同，可以将误差分为三类，即系统误差、过失误差和偶然误差。

系统误差。是指在相同条件下，多次测量同一量时，误差的绝对值和符号保持恒定，或在条件改变时，按某一确定规律变化的误差。一般由于实验方法的缺陷、仪器药品不良以及操作者的不良习惯等，都会引起系统误差。这类误差可以通过改变实验条件发现，并针对产生原因采取措施将其消除。

过失误差。是一种明显歪曲实验结果的误差，它无规律可循，是由操作者读错、记错所致。只要加强责任心，此类误差可以避免。发现有此种误差产生，所得数据应谨慎予以剔除。

偶然误差。是在相同条件下多次测量同一量时，误差的绝对值时大时小，符号时正时负，但随测量次数的增加，其平均值趋近于零，即具有抵偿性，又叫随机误差。它产生的原因并不确定，一般是由环境条件的改变（如大气压、温度的波动）、操作者感官分辨能力的限制（如对仪器最小分度以内的读数难以读准确）等所致。

误差一般用以下三种方法表达。

（1）平均误差：$\overline{d} = \dfrac{1}{n} \sum\limits_{i=1}^{n} |x_i - \overline{x}|$；

（2）标准误差（或称均方根误差）：$\sigma = \sqrt{\dfrac{\sum(x_i - \bar{x})^2}{n-1}}$；

（3）或然误差：$P = 0.675\sigma$。

以上表达方法中，x_i 为测量值；$\bar{x}$ 为多次测量结果的算术平均值；n 为测量次数；$\bar{x} = \dfrac{\sum x_i}{n}$，$i = 1, 2, \cdots, n$。

平均误差的优点是计算简便，但用这种误差表示时，可能会把质量不高的测量掩盖住。标准误差对一组测量中的较大误差或较小误差感觉比较灵敏，因此它是表示精度的较好方法，在近代科学中多采用标准误差。

为了表达测量的精度，可以分为绝对偏差、相对偏差两种表达方法。

（1）绝对偏差　它表示了测量值与真值的接近程度，即测量的准确度。其表示法为：$\bar{x} - \bar{d}$，或者：$\bar{x} - \sigma$。其中 $\bar{d}$ 和 σ 分别为平均误差和标准误差。

（2）相对偏差　它表示了测量值的精密度，即各次测量值相互靠近的程度。其表示法为：

① 相对平均偏差 $= \pm\dfrac{\bar{d}}{\bar{x}} \times 100\%$；

② 相对标准偏差 $= \pm\dfrac{\sigma}{\bar{x}} \times 100\%$。

四、物理化学实验中的数据处理

实验数据经归纳、处理，才能合理表达和得出满意的结果。实验数据的处理一般有列表法、作图法、数学方程法以及计算机处理等方法。

1. 列表法

把实验数据按自变量与因变量对应列表，排列整齐，使人一目了然。这是数据处理中最简单的方法，列表时应注意以下几点。

（1）表格要有名称。

（2）每行（或列）的开头一栏都要列出物理量的名称和单位，并把二者表示为相除的形式。因为物理量的符号本身是带有单位的，除以它的单位，即等于表中的纯数字。

（3）数字要排列整齐，小数点要对齐，公共的乘方因子应写在开头一栏，为与物理量符号相乘的形式。

（4）表格中表达的数据顺序为：由左到右、由自变量到因变量，可以将原始数据和处理结果列在同一表中，但应以一组数据为例，在表格下面列出算式，写出计算过程。

2. 作图法

作图法更能直观表达实验结果及变化趋势。作图时应注意以下几点。

（1）图要有图名。例如"$\ln K_p$-$1/T$ 图""V-t 图"等。

（2）要用正规坐标纸，并根据需要选用坐标纸种类，如：直角坐标纸、三角坐标纸、半对数坐标纸、对数坐标纸等。物理化学实验中一般用直角坐标纸，只有三组分相图使用三角坐标纸。

（3）在直角坐标中，一般以横轴代表自变量，纵轴代表因变量，在轴旁应注明变量的名称和单位（二者表示为相除的形式），10 的幂次以相乘的形式写在变量旁。

（4）适当选择坐标比例，以表达出全部有效数字为准，即在最小的毫米格内表示有效数字的最后一位。每厘米格代表 1，2，5 为宜，切忌 3，7，9。如果作直线，应正确选择比例，使直线呈 45°倾斜为宜。

（5）坐标原点不一定选在零，应使所作直线与曲线匀称地分布于图面中。在两条坐标轴上每隔 1cm 或 2cm 均匀地标上所代表的数值，而图中所描各点的具体坐标值不必标出。

（6）描点时，应用细铅笔将所描的点准确而清晰地标在其位置上，可用○、△、□、×等符号表示，符号总面积表示了实验数据误差的大小，所以不应超过 1mm 格。同一图中表示不同曲线时，要用不同的符号描点，以示区别。

（7）作曲线时，应尽量多地通过所描的点，但不要强行通过每一个点。对于不能通过的点，应使其等量地分布于曲线两边，且两边各点到曲线的距离之平方和要尽可能相等。描出的曲线应平滑均匀。

（8）图解微分　图解微分的关键是作曲线的切线，而后求出切线的斜率值，即图解微分值。作曲线的切线可用如下两种方法。

① 镜像法　取一平面镜，使其垂直于图面，并通过曲线上待作切线的点 P（如图 0-1），然后让镜子绕 P 点转动，注意观察镜中曲线的影像，当镜子转到某一位置，使得曲线与其影像刚好平滑地连为一条曲线时，过 P 点沿镜子作一直线即为 P 点的法线，过 P 点再作法线的垂线，就是曲线上 P 点的切线。若无镜子，可用玻璃棒代替，方法相同。

② 平行线段法　如图 0-2，在选择的曲线段上作两条平行线 AB 及 CD，然后连接 AB和 CD 的中点 PQ 并延长相交曲线于 O 点，过 O 点作 AB、CD 的平行线 EF，则 EF 就是曲线上 O 点的切线。

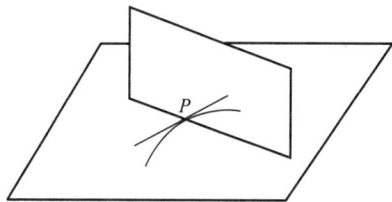

图 0-1　镜像法示意图

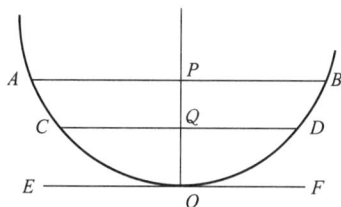

图 0-2　平行线段法示意图

3. 数学方程法

将一组实验数据用数学方程式表达出来是最为精练的一种方法。它不但方式简单，而且便于进一步求解，如积分、微分、内插等。此法首先要找出变量之间的函数关系，然后将其线性化，进一步求出直线方程的系数：斜率 m 和截距 b，即可写出方程式。也可将变量之间的关系直接写成多项式，通过计算机曲线拟合求出方程系数。

求直线方程系数一般有三种方法，具体方法请读者参考有关数学文献。

4. 计算机处理

物理化学实验的数据处理是比较复杂的，大多数实验需要进行线性拟合、非线性曲线拟合、作切线等。一般情况下，学生处理实验数据都是用坐标纸手工作图，这样不仅麻烦，而且误差很大。随着计算机应用的深入发展，计算机数据处理与作图软件也越来越多，利用这些软件可以方便、快速、准确地进行作图、线性拟合、非线性曲线拟合等物理化学实验数据的处理，能够满足物理化学实验对数据处理的要求。

物理化学实验中最常用的有 Origin 数据分析和绘图软件以及 Excel 电子表格软件。Origin 软件自诞生以来，由于其强大的数据处理和图形化功能，已被化学工作者广泛应用。它的主要功能和用途包括：对实验数据进行常规处理和一般的统计分析，如计数、排序、求平均值和相对标准偏差、t 检验、快速傅里叶变换、比较两列均值的差异、进行回归分析等。此外还可用数据作图，用图形显示不同数据之间的关系，用多种函数拟合曲线等。Excel 软件是目前应用最广泛的表格处理软件之一，它具有强大的数据库管理功能、丰富的宏命令和函数、强大的图表功能，对于化学化工专业人员来说，Excel 软件在实验数据处理方面具有非常重要的作用。

以下结合两个实际的物理化学实验数据处理实例，介绍这两个软件的具体应用。

（1）Excel 软件的应用（以燃烧热的测定实验为例）　燃烧热的测定实验数据处理的关键是，利用雷诺法绘制温度校正图，用计算机作图比手工绘制误差小且省时省力。利用 Excel 可以方便地绘制燃烧热测定的雷诺曲线，参考步骤如下。

① 在新建 Excel 文件中分行输入时间和温度（包括初期，主期，末期）。

② 在"插入"菜单中选择"图表"，或单击工具栏中的"图表"符号，出现一个对话框，如图 0-3 所示，选择"标准类型"中的"XY 散点图"，在出现的对话框上选择带点的曲线图，单击"完成"进入下一步。在"数据区域"中选定所有数据，并在图表选项中设定合适的坐标轴和网格线，单击"完成"即生成由实验数据连成的曲线图。

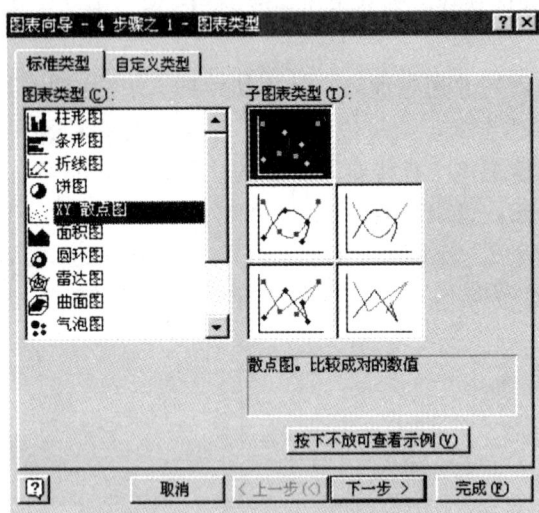

图 0-3　Excel 的图表类型的选择

③ 在图表区的空白处右键弹出菜单中的"源数据"中添加"系列 1"，即添加环境温度线，并由该水平直线与曲线的交点确定过该交点的横坐标 X_1；再在图中添加"系列 2"，即过交点的垂线。

④ 同③操作，分别建立"系列 3""系列 4"，即初期和末期的温度时间曲线，并添加"趋势线"，在"趋势线格式"中的"选项"里选择"前推"或"后移"多少个单位，到两条趋势线与直线 $Y = X_1$ 相交为止（如图 0-4 所示）。从图上求出两交点的纵坐标差值即 ΔT。

⑤ 测量曲线采用平滑线散点图，辅助线采用无数据点的折线图，直线一律用虚线表示。

⑥ 将 ΔT 代入燃烧热测试过程的能量守恒公式，即可求出仪器的水当量。

表 0-1、图 0-4 为实验数据及雷诺作图示意。

表 0-1　燃烧热测定的实验数据

t/min	0	0.5	1	1.5	2	2.5	3	3.5	4	4.5	5
$T/℃$	27.523	27.524	27.521	27.523	27.519	27.518	27.517	27.519	27.519	27.519	27.757
t/min	6.5	7	7.5	8	8.5	9	9.5	10	10.5	11	11.5
$T/℃$	29.228	29.306	29.358	29.388	29.414	29.429	29.443	29.449	29.455	29.461	29.462
t/min	12.5	13	13.5	14	14.5	15	15.5	16	16.5	17	17.5
$T/℃$	29.462	29.46	29.461	29.461	29.462	29.461	29.457	29.454	29.455	29.452	29.451

同法做出萘的温度校正图求出 ΔT，即可求出萘的恒容燃烧热 Q_V。

（2）Origin 软件的应用（以蔗糖水解速率常数的测定实验为例）

① 数据输入

a. 进入 Origin 工作界面（图 0-5），在此界面上只有两列数据输入项，用鼠标点击某一单元格，输入数据，回车。其方法和 Excel 相仿。如果实验数据多于两列，则可将鼠标移到 "Column" 处点击，在其下拉菜单中选择 "Add New Columns" 项，输入要增加的数据列数，单击 "确定" 即可。

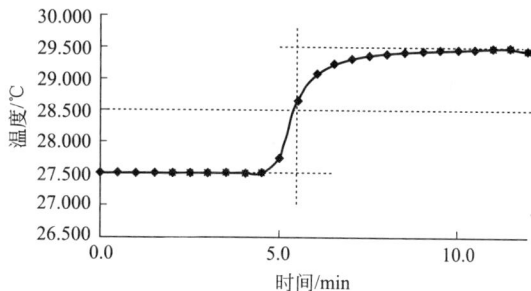

图 0-4　燃烧热测定的雷诺校正图

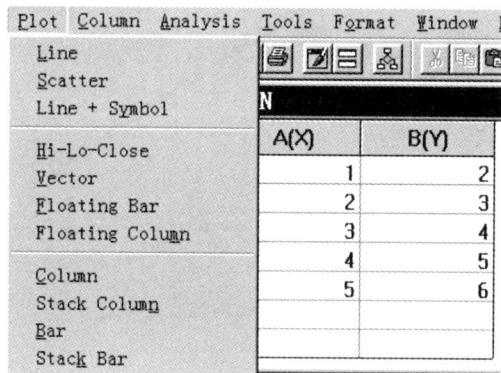

图 0-5　Origin 菜单示意图

b. 除了直接输入数据以外，也可以把在其他程序计算和测量中获取的数据直接引用过来，点击 "File"，在其下拉的菜单中选择 "Import"，在其弹出的菜单中选择其中一种所存储的数据形式。

② 图形生成

a. 点击 "Plot"，在其下拉式菜单中选择曲线形式，一般选择 "Line＋Symbol"，将实验数据用直线分别连接起来，在每一格数据点上作一个特殊的记号。

b. 在弹出的对话框中选择 X 轴和 Y 轴的数据列。其选择方法如下：先点击对话框左边的数据列，再点击 "X" 或 "Y"，选择其作为 X 轴或 Y 轴，当选定两个坐标后，单击 "OK"，就画出一条曲线。

c. 可以将多条实验曲线画在一起，有利于实验数据的对比分析和研究，方法是在画好一条线的基础上（当前活动窗口为图形），点击 "Graph"，在其下拉菜单中选择 "Add Plot to Layer"，再在其下面选择 "Line＋Symbol"，系统会弹出和单线图相仿的对话框，选择需要添加曲线的 X 轴和 Y 轴，当选定两个坐标后，单击 "OK"，重复以上步骤，就可以将多条曲线绘制在同一图中。

③ 数据拟合　在物理化学实验中，为了描述不同变量之间的关系，进一步分析曲线特征，根据已知数据找出相应的函数关系，经常需要对曲线进行拟合。

在 Origin 菜单中点击 "Data"，选中要回归的某一条曲线；点击 "Tools"，选择回归的方法，如线性回归；然后在弹出的对话框中，进一步确定回归的标准，点击 "Fit"，系统就会对所选择的曲线按指定的方法进行回归。

Origin 可以对整条曲线进行拟合，也可以使用 Tools 工具条中的 Data Selector 命令按钮 ⬍ 选择一部分曲线进行拟合。如果 Graph 窗口的层中包含几条曲线的，只对选中的曲线拟合。激活 Graph 窗口，Analysis 菜单下面提供了许多拟合方法，这些拟合方法在运行速度和计算复杂程度上各不相同，拟合后，Origin 将拟合结果及剩余误差输出到 Results Log 窗口中。

以蔗糖水解反应速率常数的测定实验为例，其实验数据及线性拟合结果如表 0-2 和图 0-6 所示，根据作图得到的斜率即可求得蔗糖水解反应的速率常数。

表 0-2　蔗糖水解的实验数据

t/min	2.75	4.17	5.67	7.1	8.5	9.67	11.58	12.75	13.75	16.17	17.67	19.25	21.17	23.0	25.0	27.0
$\ln(a_t - a_\infty)$	2.65	2.58	2.54	2.51	2.50	2.47	2.45	2.43	2.39	2.35	2.33	2.29	2.25	2.23	2.16	2.12
t/min	28.6	30	34	36	38	40	42	44	47	49	50	52	55	57	58.5	60
$\ln(a_t - a_\infty)$	2.07	2.03	1.95	1.91	1.83	1.81	1.76	1.67	1.64	1.60	1.55	1.45	1.43	1.34	1.33	1.32

线性拟合结果如下：

Linear Regression for Data1 _ B:

$Y = A + B * X$

Parameter　Value　Error

A　2.72986　0.01553

B　−0.02391　4.5001E−4

R　　　　　SD　　　N　　　P

−0.99473　0.04524　32　<0.0001

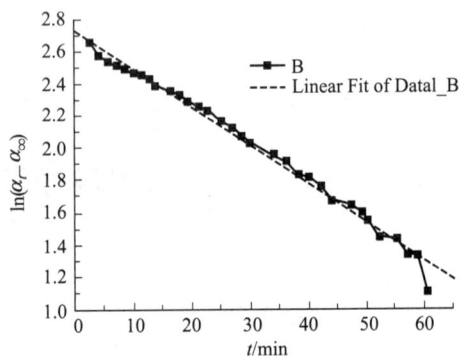

图 0-6　蔗糖水解实验数据的线性拟合

上述各参数的含义如下：A 为斜率及其标准误差，B 为截距及其标准误差，R 为相关系数，SD 为拟合的标准偏差，N 为数据点的个数，P 为 $R=0$ 时的概率。

五、物理化学基本数据的来源及查阅方法

在物理化学实验过程中，尤其设计性实验阶段，为了训练学生查阅化学化工文献以及基础数据的能力，仅将实验所需的部分数据列出，而在每个实验的思考题中设置了一些启发性和探索性的问题，以期提高学生查阅相关文献和独立思考解决问题的能力。

物理化学实验所需要的常见基本数据可以查阅配套的《物理化学》教材，但对于部分由科研课题转化来的实验项目，如综合性实验和设计性实验，需要在实验预习阶段和撰写实验报告阶段查阅相关的文献。一些特性参数，如极化曲线测定实验中的钝化电势，可以借助图书馆以及网络上丰富的文献资源获取所需要的数据。系统的文献检索方法可以参阅《化学化工文献检索》。

实验一　恒温槽的性能测试及流体黏度测定

一、实验目的

1. 掌握恒温槽的构造及各部件的作用，初步掌握其调试的基本技术。
2. 学会通过绘制恒温槽的灵敏度曲线来分析恒温槽的性能。
3. 了解黏度的意义，掌握用乌氏黏度计测定无水乙醇在不同温度下的黏度的方法。

二、实验原理

1. 恒温原理及恒温槽构造

物理化学实验中所测得的数据，如折射率、黏度、饱和蒸气压、表面张力、电导和化学反应速率常数等都与温度有关，化学反应的速率也与温度密切相关，所以许多物理化学实验必须在恒温下进行。实验室中常用恒温槽控制温度，它的使用温度在一定范围内可以随意调节。恒温槽之所以能维持恒温，主要是依靠恒温控制器来控制恒温槽的热平衡。当恒温槽因对外散热而使水温降低时，恒温控制器就使恒温槽内的加热器工作，待加热到所需的温度时，它又使加热停止，这样就使槽温保持恒定。恒温槽装置如图 1-1 所示。

恒温槽一般由浴槽、加热器、搅拌器、温度计、感温元件、恒温控制器等部分组成。

恒温槽恒温效果可用灵敏度来衡量。恒温槽的灵敏度指的是在指定温度下其温度的波动情况。灵敏度除与感温元件、电子继电器有关外，还与搅拌器的效率、加热器的功率等因素有关。用较灵敏的温度计，如数显式温

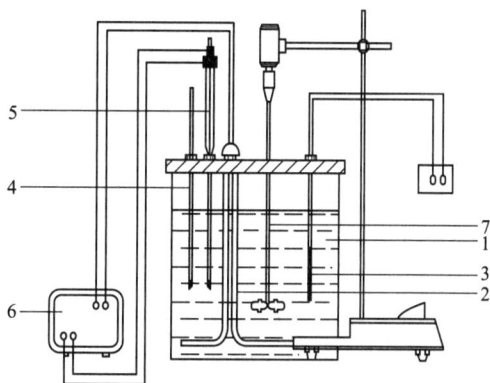

图 1-1　恒温槽装置示意图
1—浴槽；2—加热器；3—数显式温差计；4—温度计；
5—感温元件；6—恒温控制器；7—搅拌器

度计，记录温度随时间的变化，最高温度为 T_H，最低温度为 T_L，恒温槽的灵敏度 T_s 为：

$$T_s = \pm \frac{T_H - T_L}{2} \tag{1-1}$$

还可以温度为纵坐标，以时间为横坐标，绘制成温度-时间曲线来表示。

2. 流体黏度的测定

黏度是液体对流动所表现的阻力，这种力反抗液体中相邻部分的相对运动，因而是液体流动时内摩擦力大小的一种量度。流体的黏度与它的分子大小与形状、分子间作用力及流体的分子结构有关。通过黏度的测定可以求得诸如高聚物的分子量等化合物的基本参数。

测定流体黏度的方法主要有三类：(1) 用毛细管黏度计测定液体经毛细管的流出时间；(2) 用落球式黏度计测定圆球在液体中的下落速率；(3) 用旋转黏度计测定液体对同心轴圆柱体相向转动的影响。本实验采用第一种方法。

流体在毛细管里流动时黏度 η 的大小可根据泊肃叶（Poiseuille）公式计算。

$$\eta = \frac{\pi r^4 pt}{8lV} = \frac{\pi r^4 \rho gh}{8lV}t \tag{1-2}$$

式中，η 为液体黏度，Pa·s；p 为当液体流动时在毛细管两端间的压力差，$p = \rho gh$，Pa；ρ 为液体的密度，kg·m^{-3}；g 为重力加速度，9.8N·kg^{-1}；h 为流经毛细管液体的平均液柱高度，m；V 为流经毛细管的液体体积，m^3；r 为毛细管半径，m；l 为毛细管长度，m；t 为液体流经毛细管所需时间，s。

由于毛细管半径 r 在方程式中为 4 次方关系，故它的测量精度极大地影响 η 的值，一般不直接测方程式中的各物理量来计算绝对黏度，而是测定流体对基准流体（如水）的相对黏度，在已知基准流体的绝对黏度时，可计算出被测流体的绝对黏度。

用同一黏度计在相同条件下测定两种液体的黏度时，它们的黏度之比就等于密度与流出时间乘积之比。

$$\frac{\eta_1}{\eta_2} = \frac{p_1 t_1}{p_2 t_2} = \frac{\rho_1 t_1}{\rho_2 t_2} \tag{1-3}$$

若已知基准流体的黏度 η_1、密度 ρ_1，待测流体的密度 ρ_2，在分别测定基准流体与待测流体流经毛细管的时间 t_1 和 t_2 后，则可由式(1-3)计算待测流体的绝对黏度 η_2，本实验以蒸馏水为基准流体，利用乌氏（Ubbelohde）黏度计（图 1-2），测定无水乙醇的黏度。

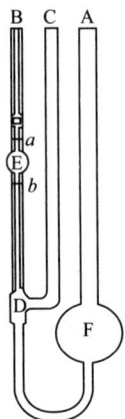

图 1-2 乌氏黏度计

三、仪器与试剂

仪器：恒温槽 1 套（包括玻璃槽、电动搅拌器、电加热器、感温元件、温度控制器、1/10℃标准温度计及数字式温差计各 1 件）；乌氏黏度计 1 支；1/10 秒表 1 个；洗耳球 1 个。

试剂：蒸馏水；无水乙醇（A.R.）。

四、实验步骤

1. 调节恒温槽到所需温度

如图 1-1 装置恒温槽，接通电源，打开电源开关。温度调至 25.0℃±0.1℃，电子继电器显示加热状态，当温度接近 20℃时（18℃时），需调整控温仪旋钮，寻找恒温点（这一状态可由温度自动控制器的红绿指示灯来判断，一般说来，绿灯表示加热，红灯表示加热停止）。需要注意的是在调节过程中，不能以控温仪上调节的温度为依据，必须以 1/10℃的标准温度计为依据。

2. 恒温槽灵敏度的测定

恒温槽调节到实验温度（25.0℃及 30.0℃）恒温后，每隔 2min 记录一次温度计的读数，每个温度约测定 30min（可与相应温度下流出毛细管时间测定实验同时做）。温度变化范围要求在±0.15℃之内。

3. 测定基准液体（水）在 25℃流出毛细管的时间

取乌氏黏度计（见图 1-2）从 A 管注入蒸馏水 10mL，浸入恒温槽中，垂直固定，恒温 15min 后进行测定。在 C 管套上一乳胶管，并用夹子夹紧使不通气，在 B 管上也套一乳胶管，用洗耳球把水从 F 球经 D 球、毛细管、E 球吸至 a 刻度线以上，打开夹子，使 C 管与大气相通，此时 D 球液体即流到 F 球，使毛细管以上的液体悬空，然后使 B 管与大气相通，则毛细管上方的液体下落，当液面流经刻度 a 时，立即按秒表开始记录时间，直到液面下降至刻度 b，再按秒表，此即为液体流经毛细管所需的时间。重复同样的操作 $3\sim4$ 次，使每两次误差不超过 0.3s，取三次的平均值，即为流出时间。

4. 测定无水乙醇流过毛细管的时间

（1）黏度计用无水乙醇洗三次、烘干。

（2）取无水乙醇于黏度计中，在 25.0℃±0.1℃ 的恒温槽中恒温 15min 后测定（重复步骤 3 操作）。

（3）依次测定 30.0℃ 时无水乙醇及蒸馏水流过毛细管的时间。

（4）实验结束后，用洗液洗一次，然后用自来水、蒸馏水洗黏度计各三次，烘干备用。

五、实验注意事项

1. 黏度计在恒温槽中必须垂直放置。

2. 用洗耳球吸取液体时注意不要有气泡，不要将液体吸入洗耳球中以免污染液体。

3. 洗或安装黏度计时注意支管 C，稍扭则易碎。

六、数据记录与处理

1. 实验记录

（1）恒温槽温度随时间变化　　见表 1-1。

表 1-1　恒温槽温度随时间变化

恒温 25℃				恒温 30℃			
t/min	T/K	t/min	T/K	t/min	T/K	t/min	T/K

（2）流体流出时间　　见表 1-2。

表 1-2　流体流出时间

室温：_____　　　　　　　　　　气压：_____

体系	H_2O		C_2H_5OH	
温度	25.0℃	30.0℃	25.0℃	30.0℃
流出时间/s				
平均值/s				

2. 数据处理

（1）以时间为横坐标、温度计读数为纵坐标，绘制出温度-时间曲线，由温度-时间曲线计算出恒温槽的灵敏度 T_s，并对不同温度下的恒温效果做出评价。

（2）从附录中查出水在 25℃、30℃时的密度和黏度，无水乙醇在 25℃、30℃时的密度，计算乙醇在不同温度下的 η，并与文献值进行比较。

七、思考题

1. 影响恒温槽灵敏度的因素有哪些？如何提高恒温槽的灵敏度？
2. 如何求乙醇在 22℃下的黏度？
3. 黏度测定实验中能否用两支黏度计测定？为什么？

八、实验讨论

1. 灵敏度与水银定温计、电子继电器的灵敏度以及加热器的功率、搅拌器的效率和各元件的布局等因素有关。搅拌效率越高，温度越容易达到均匀，恒温效果越好。加热器功率大，则到指定温度停止加热后释放余热也大。一个好的恒温槽应具有以下条件：（1）定温灵敏度高；（2）搅拌强烈且均匀；（3）加热器导热良好且功率适当。

2. 保持恒温的方法很多，例如利用物质的相对温度的稳定性保持恒温就是一种经济而准确的方法，如冰水浴（0℃）、蒸汽浴（101.325kPa 下，100℃）和液氮（沸点 $-196℃$）等。但此种方法因其恒温温度不能随意调节，使用范围受到限制。所以一般恒温槽都用水作为恒温介质，使用温度为 $20\sim50℃$。若需要更高恒温温度（不超过 90℃）时，可在水面上加少许白油以防止水的蒸发，90℃以上则可用甘油、白油或其他高沸点物质作为恒温介质。

3. 在适当外力的作用下，物质所具有的流动和变形的性能，称为流变性。量度物质流变性最常用的物理量是黏度。流体分为牛顿流体和非牛顿流体两大类。牛顿流体表现为切变应力与切变速度成正比，即：$F/A = \eta dv/dy$，式中，F/A 为切变应力；dv/dy 为切变速度；η 为黏度系数或黏度。对于某一特定液体，黏度为一常数，这是牛顿流体的特征，如水、甘油、糖浆都属于牛顿流体。测定牛顿流体黏度常用的仪器有毛细管黏度计（平氏和乌氏黏度计）和落球黏度计。非牛顿流体不符合切变应力和切变速度成正比的关系，其黏度是随切变应力的变化而变化的。如高分子溶液、溶胶、乳浊液、软膏及一些混悬剂等，均属于非牛顿流体。测定非牛顿性流体黏度的常用仪器为旋转式黏度计。

实验二　燃烧热的测定

一、实验目的

1. 掌握用氧弹式量热计测量物质燃烧热的原理和方法。
2. 了解氧弹式量热计、高压钢瓶及压片机的构造及使用方法。
3. 学会雷诺作图法处理热数据的原理和方法。

二、实验原理

1. 燃烧热

1mol 物质完全燃烧时的反应热称为燃烧热。完全燃烧指的是物质与氧气发生充分反应，生成完全的反应产物。

燃烧热可在恒容或恒压情况下测定。由热力学第一定律可知，在不做非体积功情况下，恒容燃烧热 $Q_V = \Delta U$，恒压燃烧热 $Q_p = \Delta H$。在氧弹式量热计中测得燃烧热为 Q_V，而一般热化学计算用 Q_p，若将参加反应的气体和反应生成的气体都看作理想气体，则二者之间具有以下关系：

$$Q_p = Q_V + \Delta n(g)RT \tag{2-1}$$

式中，$\Delta n(g)$ 为生成物中气态物质的总物质的量与反应物中气态物质的总物质的量之差，mol；R 为摩尔气体常数，8.314J·mol^{-1}·K^{-1}；T 为反应时的热力学温度，K。

2. 量热原理

本实验采用温差式量热法测定燃烧热，仪器是氧弹式量热计，基本原理是能量守恒定律，其构造如图 2-1 所示。由图 2-1 可知，氧弹式量热计的最外层是储满水的外筒，保证外壳恒温，使燃烧后放出的热量几乎不与周围环境发生热交换。氧弹是一个具有良好密封性能、耐高压、抗腐蚀的不锈钢容器（图 2-2）。为了保证样品在氧弹中完全燃烧，氧弹中充以高压氧气作为氧化剂。氧弹放置在盛放工作介质的水桶中，盛水桶与套壳之间有一个高度抛光的挡板，以减少热辐射和空气的对流。当一定量的待测物质在氧弹中完全燃烧时，放出的热量使氧弹本身及其周围的工作介质（本实验用水）和量热计相关附件的温度升高，所以测定了燃烧前后温度的变化值，就可求算该样品的恒容燃烧热。其关系式如下：

$$-\frac{m_{样}}{M}Q_V - Q_{点火丝}\, m_{点火丝} = C_{计}\, \Delta T \tag{2-2}$$

式中，$m_{样}$ 为样品的质量，g；M 为样品的摩尔质量，g·mol^{-1}；Q_V 为样品的恒容摩尔燃烧热，J·mol^{-1}；$Q_{点火丝}$ 为点火丝的燃烧热，J·g^{-1}；$m_{点火丝}$ 为点火丝的质量，g；$C_{计}$ 为量热计的总热容，J·K^{-1}，它表示量热计（包括介质）温度每升高 1K 所需的热量，称为水当量，其值可以通过已知燃烧热的标准物（如苯甲酸）来标定。一般来说，对不同样品，只要每次所用的水量相同，该体系的水当量就是定值；ΔT 为样品燃烧前后水温的变化值。

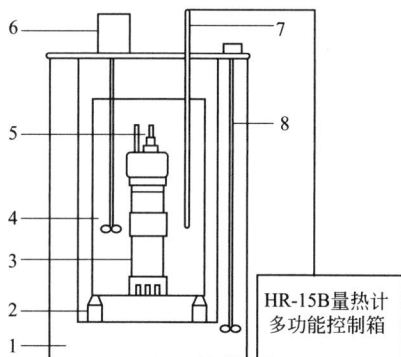

图 2-1　氧弹式量热计

1—外筒；2—绝热定位圈；3—氧弹；4—水桶；5—电极；
6—内筒搅拌器；7—温度传感器；8—外筒搅拌器

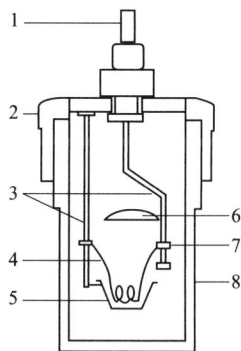

图 2-2　氧弹的构造

1—氧弹头；2—氧弹盖；3—电极；4—点火丝；
5—燃烧皿；6—燃烧挡板；7—卡套；8—氧弹体

三、仪器与试剂

仪器：氧弹式量热计 1 套；压片机 2 台；氧气钢瓶 (带气压表) 1 个；台秤 1 台；电子天平 (0.0001g) 1 台；万用电表 1 个；量热计多功能控制箱 1 台；容量瓶 (1000mL) 1 个；点火丝 (镍铬)。

试剂：苯甲酸 (A.R.)；萘 (A.R.)。

四、实验步骤

1. 实验准备

将量热计及其全部附件清理干净，确保内筒无残留水分，氧弹内部无其他可燃物质。

2. 测定水当量 $C_{计}$

(1) 样品压片　用台秤粗称苯甲酸约 1.0~1.2g，将其放在压片机上压成片状。取出压模，反向安装后下压，使样品脱模。压好的样品先在称量纸上敲击 2~3 次，以除去没有压紧的部分，再在电子天平上准确称量 (或采用下列方法压片：取一根长约 16cm 的点火丝，在电子天平上准确称量后备用。用台秤称取约 1g 苯甲酸，用压片机压成小圆片状，压片时将点火丝压入苯甲酸片中)。

(2) 氧弹的装样　取约 16cm 长的点火丝一根，在电子天平上准确称重。拧开氧弹盖，将氧弹内壁擦干净，特别是电极下端的不锈钢接线柱更应擦干净。将燃烧皿放置在氧弹盖下方的支架上，小心将样品放置在燃烧皿中部，把点火丝的两端分别固定在电极的下端，应使点火丝与样品片充分接触，同时注意不要使点火丝接触到燃烧皿，以免引起短路，使点火失败。对准螺纹小心旋紧氧弹盖，用万用电表检查是否通路，若通路，即可充氧气。

(3) 充氧气　将高压铜线管与氧弹头连接，首先反时针旋松气压表的减压阀，打开氧气钢瓶的阀门，然后顺时针略为旋紧减压阀，通过输氧管缓慢地通入氧气，起始时将放气孔开启两次，借以驱走氧弹中空气。旋紧排气孔，使减压表的压力逐渐增大至 2MPa，充氧 3~5s。关闭钢瓶阀门，放掉气压表中的余气，旋松 (即关闭) 减压阀。将充好氧气的氧弹再次用万用电表检查两电极是否通路，若通路，则可将氧弹放入量热计的盛水桶内。

若采用自动充氧机，则无须在每次充氧时调节减压阀，只需将充气口对准氧弹充气孔，压下充氧机手柄即可，松开手柄即停止充氧。

(4) 调水温　用 1000mL 容量瓶量取 3000mL 的自来水，沿内壁小心倒入内筒中，水面盖过氧弹。应保持电极干燥，避免短路。如有气泡逸出，说明氧弹漏气，应取出重新安装。装好搅拌机，搅拌时避免产生摩擦。把电源插紧在两电极上，盖上外筒盖子。将温度传感器探头插入内筒水中，测温探头不得接触氧弹和内筒。

(5) 测量　检查控制箱 (图 2-3) 各按钮是否处于正确位置，即计时按钮应置于 1min 位置，总电源开关、搅拌按钮、点火按钮应处于关闭状态。然后接通电源，开动搅拌，待搅拌马达运转 2~3min 后，每隔 1min 读取水温一次 (精确至 ±0.002℃)，直至连续五次水温保持不变，或稳定变化后记下数据即可点火。读数完毕，立即按下点火按钮，若发现点火指示灯先亮后灭，且水温迅速上升，则表明点火成功。否则，需切断电源，打开氧弹检查原因。在点火的同时，将计时开关置于 0.5min 位置，每隔 0.5min 读取一次温度，当温度升至最高点或稳定变化后，再改为每隔 1min 读取一次温度，连续 10 次，关闭搅拌按钮。

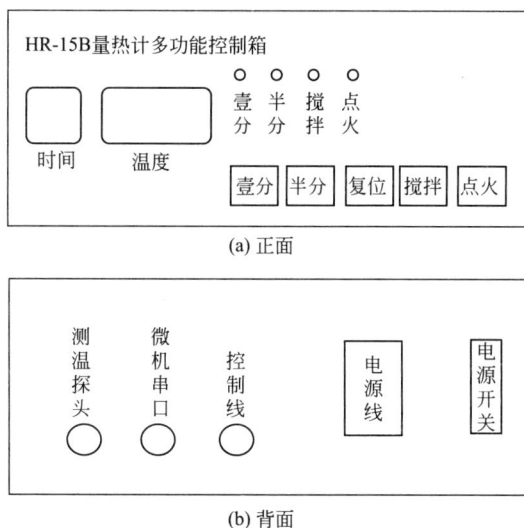

图 2-3 量热计多功能控制箱面板示意图

（6）结束工作　小心取出温度传感器探头插入夹套水中，测其温度，作雷诺校正图的 *I* 点（图 2-4、图 2-5）。取出氧弹，打开放气阀放出余气，拧开氧弹盖，检查样品燃烧结果。如果氧弹中样品未燃烧完或内壁有炭黑，则实验失败。若无燃烧残渣，表示燃烧完全，则拆下残留点火丝，在电子天平上称量，记录数据。

用水冲洗氧弹及燃烧皿，倒去内筒中的水，晾干待用。

3. 测量萘的燃烧热

称取 0.8～0.9g 萘，重复上述步骤测定 ΔT。

五、实验注意事项

1. 内筒中加一定体积的水后若有气泡逸出，说明氧弹漏气，应设法排除。

2. 搅拌时不得有摩擦声。

3. 燃烧样品萘时，内筒水要更换且需重新调温。

4. 氧气瓶在开总阀前要检查减压阀是否关好，实验结束后要关上钢瓶总阀，注意排净余气，使指针回零。

5. 严格控制样品的称量范围，使标定量热计热容量和测定试样燃烧热时的温度范围基本相同，以减少不同温度范围的热容有差异等因素引起的误差。

六、数据记录与处理

1. 实验记录

见表 2-1。

室温_____；大气压_____；苯甲酸的质量_____；
萘的质量_____；点火丝原质量_____；点火丝原质量_____；
点火丝残余量_____；点火丝残余量_____；外筒水温_____；
内筒水温_____。

表 2-1　实验记录

苯甲酸				萘			
时间/s	温度/K	时间/s	温度/K	时间/s	温度/K	时间/s	温度/K

2. 数据处理

（1）由实验数据绘制雷诺图，分别求出苯甲酸和萘燃烧前后的 ΔT。

（2）由苯甲酸数据求出水当量 $C_{计}$。

$$-\frac{m_{样}}{M}Q_V - Q_{点火丝}\, m_{点火丝} = C_{计}\, \Delta T$$

（3）求出萘的燃烧热 Q_V，换算成 Q_p。

（4）将所测萘的燃烧热值与文献值比较，求出误差，分析误差产生的原因。

（5）计算结果填写在表 2-2 中。

表 2-2　计算结果

仪器编号	$\Delta T_{苯甲酸}$	$\Delta T_{萘}$	水当量	$Q_{V,萘}$	$Q_{p,萘}$	$Q_{p,萘}$文献值	相对误差/%

七、思考题

1. 本实验中，哪些为体系？哪些为环境？实验过程中有无热损耗？这些热损耗对实验结果有何影响？如何降低？

2. 在环境恒温式量热计中，为什么内筒水温要比外筒水温低？低多少合适？

3. 如何测定液体样品燃烧热？

八、实验讨论

1. 在精密测量中，空气中氮气的燃烧值应从总热量中扣除。为此，在装样时，可预先在氧弹中加入 10mL 蒸馏水，燃烧后，将所生成的稀 HNO_3 溶液移至锥形瓶中，并用少量蒸馏水洗涤氧弹内壁，收集在锥形瓶中，煮沸片刻，用酚酞作指示剂，以 $0.1000\,mol\cdot dm^{-3}$ 的 NaOH 溶液滴定，每毫升碱液相当于 5.983J 的热值（放热）。其能量关系式如下：

$$-\frac{m_{样}}{M}Q_V - Q_{点火丝}\, m_{点火丝} - 5.983V_{NaOH} = C_{计}\, \Delta T$$

2. 氧弹装样时，为了尽量增加点火丝与药片的接触面积，可将点火丝的中段在直径约为 3mm 的玻璃棒上绕成螺旋形，绕 5～6 圈，将其压在药片上面的凹处，再将其两端与氧弹中的两电极杆相连。

3. 雷诺曲线作图法

本实验采用的是环境恒温式量热计，其体系与环境之间存在着温度差，必然有热传递，另外还有蒸发、对流和辐射等影响，搅拌器的机械能也可变为热能而引入体系，这些因素都给准确测量温差带来困难，因此必须进行热漏校正。常用雷诺作图法予以修正，具体方法如下。

预先调节水温低于室温 1℃ 左右，将样品燃烧前后观测所得的一系列水温和时间关系作图，连成 $FHIDG$ 折线，得温度-时间曲线，如图 2-4 所示。图 2-4 中 H 相当于开始燃烧之点，D 为观察到的最高温度读数点，作相当于环境温度（外筒温度）之水平线 JI 交折线于 I，过 I 点作 ab 垂线，然后将 FH 线和 GD 线外延交 ab 线 A、C 两点，A、C 线段所代表的温度差即为所求的 ΔT。图 2-4 中 AA' 为开始燃烧到温度上升至环境温度这一段时间 Δt_1 内，由环境辐射或搅拌引进的能量而造成体系温度的升高值，故必须扣除；CC' 为温度由环境温度升高到最高点 D 这一段时间 Δt_2 内，体系向环境辐射出能量而造成体系温度的降低，因此需要加上。由此可见，AC 两点间的温差较客观地表示了由于样品燃烧致使量热计温度升高的数值。

有时量热计的绝热情况良好，热漏小，而搅拌器功率大，不断引进能量使得燃烧后的最高点不出现，如图 2-5 所示。这种情况下 ΔT 仍然可以按照同样方法校正。

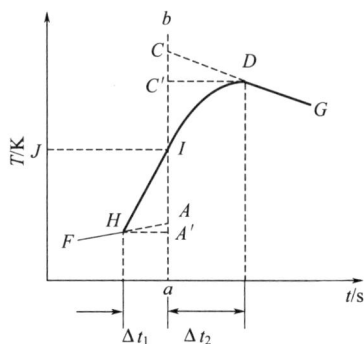

图 2-4　绝热较差时的雷诺校正图　　　图 2-5　绝热良好时的雷诺校正图

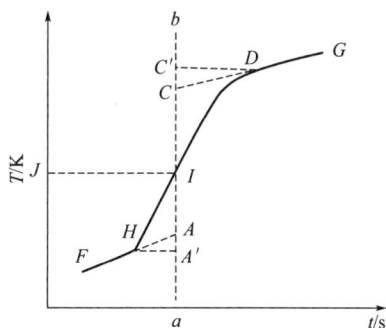

九、附

1. 文献热数据

见表 2-3。

表 2-3　文献热数据

物质	恒压燃烧热			测定条件
	kcal·mol^{-1}	kJ·mol^{-1}	J·g^{-1}	
苯甲酸	−771.24	−3226.9	−26460	$p^{\ominus}$,25℃
萘	−1231.8	−5153.8	−40205	$p^{\ominus}$,25℃
蔗糖	−1348.7	−5643.0	−16486	$p^{\ominus}$,25℃

常见点火丝的燃烧热值如下：铁丝 6700J·g^{-1}；镍铬丝 1400.8J·g^{-1}；铜线 2500J·g^{-1}；棉线 17500J·g^{-1}。

2. 氧气钢瓶的使用方法

（1）氧气钢瓶及其减压阀的外观及工作原理　氧气钢瓶减压阀的高压腔与钢瓶连接，低压腔为气体出口，通往使用系统。高压表的示值为钢瓶内储存气体的压力。低压表的出口压力可由调节螺杆控制。使用时先检查减压阀处于关的位置，再打开钢瓶总开关，然后顺时针转动低压表压力调节螺杆，使其压缩主弹簧并传动薄膜、弹簧垫块和顶杆儿将活门打开。这样进口的高压气体由高压室经节流减压后进入低压室，并经出口通往工作系统。转动调节螺杆，改变活门开启的高度，从而调节高压气体的通过量并达到所需的减压压力。见图 2-6。

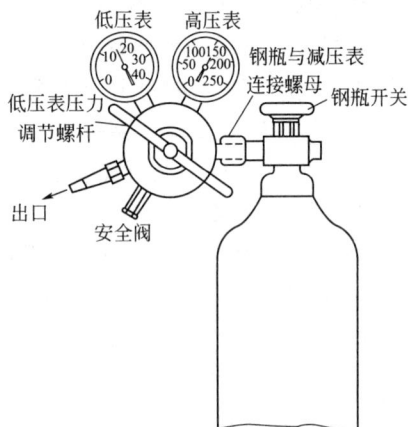

图 2-6　氧气钢瓶及减压阀的外观

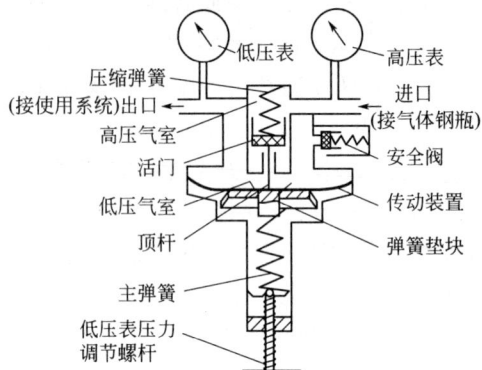

图 2-7　减压阀结构

减压阀（图 2-7）都装有安全阀，它是保护减压阀安全使用的装置，也是减压阀出现故障的信号装置。如果活门垫、活门损坏或由于其他原因，导致出口压力自行上升并超过一定许可值时，安全阀会自动打开排气。

（2）氧气瓶的使用方法　氧弹充氧时步骤如下。

① 氧气表应处于正常位置。正常的标志是氧气瓶上的总压阀及分压阀指针皆指零，且分压阀处于关闭（应逆时针方向旋松）状态。

② 旋下氧弹盖的螺钉，将氧气表头的导管与氧弹的进气管接通。

③ 按逆时针方向开启总压阀。

④ 再按顺时针方向缓缓开启分压阀，当分压指针为 $2kg \cdot cm^{-2}$ 时（$1kg \cdot cm^{-2} = 0.098MPa$），应用扳手稍稍打开氧弹上排气阀两次，每次约 10s，以排出氧弹中原有的空气，然后加压至 $10kg \cdot cm^{-2}$，充气 3~5s。

⑤ 充气结束后应先关闭分压阀，再关闭总压阀，放走两阀间余气，让两阀恢复原状。

3. 高压钢瓶的使用及注意事项

物理化学中，为了使用方便，将气体压缩成为压缩气体或液化气体，灌入耐压钢瓶中。为避免各种钢瓶混淆，将钢瓶漆以不同的颜色，以示区别。我国常用的标记如表 2-4。

表 2-4　高压钢瓶标记

气体类别	瓶身颜色	标字颜色	字样	气体类别	瓶身颜色	标字颜色	字样
氮气	黑	黄	氮	氯	草绿	白	氯
氧气	天蓝	黑	氧	乙炔	白	红	乙炔
氢气	深蓝	红	氢	氟氯烷	铝白	黑	氟氯烷
压缩空气	黑	白	压缩空气	石油气体	灰	红	石油气
二氧化碳	黑	黄	二氧化碳	粗氩气体	黑	白	粗氩
氨	棕	白	氨	纯氩气体	灰	绿	纯氩
液氨	黄	黑	氨				

使用高压钢瓶的注意事项如下。

(1) 钢瓶应存放在阴凉、干燥、远离电源及热源（阳光、暖气、炉火等）的地方，以免因内压增大造成漏气或发生爆炸危险。

(2) 搬运钢瓶要轻、稳，放置使用时必须靠牢（有架子或铁丝固定），搬运时钢瓶总气门应旋上瓶帽，并在瓶身套上橡皮腰圈。

(3) 使用时除二氧化碳、氨外，均应装减压阀和压力表。一般可燃性气体钢瓶螺纹是反扣的，即左旋螺纹（如氢气、乙炔等）；不燃性和助燃性气体钢瓶则是正扣的，即右螺旋（如氮、氧等）。各种气表不能混用（氮和氧可以混用），以防爆炸。开启气阀时应站在气表一侧，以防气表万一冲出而被击伤。

(4) 钢瓶上不得沾染油类及其他有机物，特别在气门出口和气表处，更应保持清洁，不可用麻棉等物堵漏。氧气表更要注意。

(5) 用可燃性气体要有防止回火装置，有的气表有此装置，导管中塞细钢丝网可防回火，管路中加液封也可起保护作用。

(6) 不可把瓶中气体用尽，一定要保留 0.5MPa 以上表压的残留压力（乙炔则应留 2～3MPa 表压，氢应留有 20MPa 表压），以防重新灌气时发生危险。

(7) 钢瓶需定期送交检验，合格者才能充气使用。

实验三　溶解热的测定

一、实验目的

1. 了解电热补偿法测定热效应的基本原理。

2. 掌握用电热补偿法测定硝酸钾在水中的积分溶解热，学会用作图法求出硝酸钾在水中的微分稀释热、积分稀释热和微分溶解热。

二、实验原理

1. 溶解热

物质溶解于溶剂过程的热效应称为溶解热，它有积分溶解热和微分溶解热两种。前者指在定温定压下把 1mol 溶质溶解在 n_0(mol) 的溶剂中时所产生的热效应，由于过程中溶液的浓度逐渐改变，因此也称为变浓溶解热，以 Q_s 表示。后者指在定温定压下把 1mol 溶质溶解在无限量的某一定浓度的溶液中所产生的热效应。由于在溶解过程中溶液浓度实际上视为不变，因此也称为定浓溶解热，以 $\left(\dfrac{\partial Q_s}{\partial n}\right)_{T, p, n_0}$ 表示。

2. 稀释热

把溶剂加到溶液中使之稀释，其热效应称为稀释热，它有积分（或变浓）稀释热和微分（或定浓）稀释热两种。通常都以对含有 1mol 溶质的溶液的稀释情况而言。前者指在定温定压下把含 1mol 溶质和 n_{01}(mol) 溶剂的溶液稀释到含溶剂为 n_{02}(mol) 时的热效应，即某两浓度的积分溶解热之差，以 Q_d 表示。后者指在定温定压下把 1mol 溶剂加到某一确定浓度的无限量溶液中所产生的热效应，以 $\left(\dfrac{\partial Q_s}{\partial n_0}\right)_{T,p,n}$ 表示。

3. 四种热效应的求法

积分溶解热由实验直接测定，其他三种热效应则可通过 Q_s-n_0 曲线求得。

设纯溶剂、纯溶质的摩尔焓分别为 H_1^* 和 H_2^*，溶液中溶剂和溶质的偏摩尔焓分别为 H_1 和 H_2，对于 n_1（mol）溶剂和 n_2（mol）溶质所组成的体系而言，在溶剂和溶质混合前：

$$H = n_1 H_1^* + n_2 H_2^* \tag{3-1}$$

当混合形成溶液后：

$$H' = n_1 H_1 + n_2 H_2 \tag{3-2}$$

因此溶解过程的热效应为：

$$\Delta H = H' - H = n_1(H_1 - H_1^*) + n_2(H_2 - H_2^*) = n_1 \Delta H_1 + n_2 \Delta H_2 \tag{3-3}$$

式中，ΔH 为溶剂在指定浓度溶液中溶质与纯溶质摩尔焓的差，即为微分溶解热。

根据积分溶解热的定义：

$$Q_s = \Delta H / n_2 = \frac{n_1}{n_2} \Delta H_1 + \Delta H_2 = n_0 \Delta H_1 + \Delta H_2 = n_0 \left(\frac{\partial Q_s}{\partial n_0}\right)_{T,p,n} + \left(\frac{\partial Q_s}{\partial n}\right)_{T,p,n_0} \tag{3-4}$$

$$\frac{n_1}{n_2} = n_0 \tag{3-5}$$

故以 Q_s-n_0 作图（图 3-1），则不同点 Q_s 的切线斜率为对应于该浓度溶液的微分稀释热，即：$\left(\dfrac{\partial Q_s}{\partial n_0}\right)_{T,p,n} = \dfrac{AD}{CD}$。该切线在纵坐标上的截距 OC，即为相应于该浓度溶液的微分溶解热 $\left(\dfrac{\partial Q_s}{\partial n}\right)_{T,p,n_0}$。而在含有 1mol 溶质的溶液中加入溶剂，使溶剂量由 n_{02}（mol）增至 n_{01}（mol）过程的积分稀释热为：

$$Q_d = (Q_s)_{n_{01}} - (Q_s)_{n_{02}} = BG - EG \tag{3-6}$$

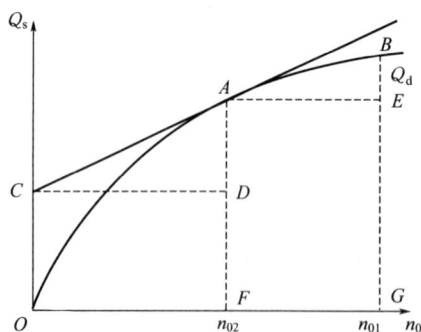

图 3-1　Q_s-n_0 图

4. 电热补偿法

本实验测定硝酸钾在水中的溶解热，溶解过程中温度随反应的进行而降低，为吸热反应。故采用电热补偿法测定。

先测定体系的起始温度 T，当反应进行后温度不断降低时，由电加热法使体系复原至起始温度，根据所耗电能求出其热效应 Q：

$$Q = I^2 Rt = IVt = Pt(\text{J}) \tag{3-7}$$

式中，I 为通过电阻为 R 的电阻丝加热器的电流强度，A；V 为电阻丝两端所加的电压，V；t 为通电时间，s；P 为加热功率，W。

本实验采用反应热测量数据采集接口装置进行实验，其装置、电路及使用方法见附录。

三、仪器与试剂

仪器：反应热测量数据采集接口装置 1 台；计算机 1 台；数字式直流稳流电源 1 台；量

热计（包括量热杯、搅拌器、加热器）1套；称量瓶（20mm×40mm）8个；电子天平1台；台秤1台；干燥器1个；毛笔1支；研钵1个。

试剂：硝酸钾（A.R.）。

四、实验步骤

1. 在电子天平上准确称量216.2g蒸馏水。用台秤称量八份KNO$_3$样品（分别约为0.5g、1.5g、2.5g、3.0g、3.5g、4.0g、4.0g、4.5g），再用电子天平称出其准确数据，分别加入8个称量瓶中，把称量瓶依次放入干燥器中待用。

2. 打开反应热测量数据采集接口装置电源，将温度传感器擦干置于空气中，预热3min。将称量好的蒸馏水放入量热杯中，同时将加热器放入量热杯中，但此时注意不要打开稳流电源及搅拌器电源。

3. 打开微机电源，运行ZR-2J溶解热测定软件，进入系统初始界面，选择确定键，进入主界面，按下"开始实验"按钮，根据提示开始测量当前室温。当室温稳定后，将反应热测量数据采集接口装置面板上的"温度/温差"按钮切换成"温差"，再按下"置零"按钮。点击鼠标显示器主界面上的"继续"灰色窗口条。将温度传感器放入量热杯中，点击显示器主界面上的"继续"灰色窗口条。开启磁力搅拌器电源，并调节转速。

4. 打开稳流电源，并调节稳流电源的"细调"旋钮，使加热器功率在2.25～2.3W之间，保持电流、电压稳定（见图3-2）。

5. 等待一会，当功率数值在显示器主界面上的"功率"栏不再跳跃后，会出现"信号已稳定"的提示，此时点击显示器主界面上的"继续"灰色窗口条，接着会出现"等待水温高于室温0.5℃"的提示。

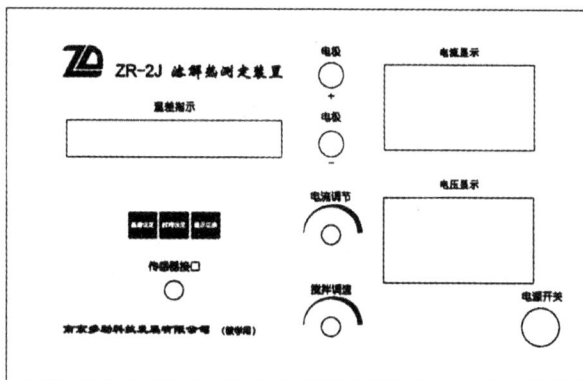

图3-2　实验装置面板图

6. 当采样到水温高于室温0.5℃时，由电脑提示加入第一份KNO$_3$，加入第一份KNO$_3$的时间控制在60s，残留在称量瓶、小漏斗中的粉末样品用毛笔小心扫入量热杯中，电脑同时会实时记下此时水温和时间。

7. KNO$_3$溶解后，水温很快下降。由于加热器的加热，水温又会上升，当系统探测到水温上升至起始温度（即加入样品前的水温）时，根据电脑提示加入第二份KNO$_3$，同时电脑记下时间。统计出每份KNO$_3$溶液电热补偿通电时间。

8. 重复上一步骤直至第八份KNO$_3$测定完毕。

五、实验注意事项

1. 样品在称量前要用研钵研细，以确保样品快速充分溶解。

2. 控制好搅拌速度，防止因水的传热性差而导致Q_s值偏低。甚至会使Q_s-n_0图变形。

3. 固体硝酸钾易吸水，称量和加样要迅速，不用样品应放在干燥器中。

4. 实验结束后，量热杯中不应存在硝酸钾的固体，否则需重做实验。

六、数据记录与处理

回到系统主界面按下数据处理菜单，并从键盘输入水的质量和各份的样品质量以及加热时间。检查无误后再按下"以当前数据处理"钮，则软件自动计算出每份样品的 Q_s 及 n_0 为 80、100、200、300、400 时 KNO_3 的积分溶解热、微分溶解热、微分稀释热；n_0 从 80~100、100~200、200~300、300~400 时 KNO_3 的积分稀释热。在显示器的右上角有"下一页"按钮，按此按钮出现计算机自动画的"Q_s-n_0"图，再按"打印"按钮即可打印处理的数据和图表。

七、思考题

1. 温度和浓度对溶解热有什么影响？

2. 本装置是否适用于放热效应的求测？

3. 样品粒度的大小，对溶解热测定有没有影响？

八、实验讨论

1. 实验开始时体系的设定温度比环境温度高 0.5℃ 是为了使体系在实验过程中更接近绝热条件，减少热损耗。

2. 本实验通过反应热测量数据采集接口装置与微机连接组成在线测定装置，所有的测量均可由计算机完成并自动计算出实验结果。这样做，既提高了测量精度，也避免了烦琐的作图和计算工作。

3. 本实验装置还可用来测定弱酸的电离热或其他液相反应的热效应，还可进行反应动力学研究。

九、附

(一) ZR-2J 溶解热测定软件使用说明

1. 启动软件。

2. 输入加热电压、加热电流、溶剂质量 ($m_{水}$)、每次添加溶质质量 (m_i) 以及环境温度，Q-n 数据表中的其他数据为生成数据。

3. 自动选择通信端口，或通过手动选择通信端口，绿色指示灯亮说明采集成功。

4. 当实验体系温度高于或等于环境温度时，将显示可以开始实验的提示，反之显示请加热体系温度。

5. 点击"开始记录"按钮，实验开始，同时测试系统将每秒钟记录一次加热功率数据，当实验体系温度高于环境温度 0.5℃ 时，显示系统提示"请加入第一组样品"，当温度再次高于环境温度 0.5℃ 时，显示系统提示"请加入第二组样品"，以此类推，系统将自动记录实验及 Q_s 数据，当完成 10 次加样后，显示系统提示测试完成，并自动停止数据记录。

6. 点击"Q-T"按钮，系统可以分别显示 Q-T 及 ΔT-T 图。

7. 实验完成后点击"保存数据"按钮保存 Q_s-n_0 数据，便于后续数据的处理。

8. 点击"确定"按钮可以将 Q_s-n_0 数据导入实验处理选项中的 Q_s-n_0 数据表。

9. 选择实验数据处理选项，对实验记录的实验数据进行处理。

10. 为了提高数据处理的精度，对已经记录的实验数据进行分组，数据分组原则以具体情况而定，按住鼠标的左键并移动鼠标，可以对实验数据进行选择，被选中的数据点可以在左边的 Q_s-n_0 图中看到。

11. 点击曲线拟合可以对选中的数据进行拟合回归，并通过选择阶数选项改善其拟合精度。

12. 拖动 Q_s-n_0 图中黄色的图标到适当位置，通过对 n_0 微调可以精确定位 n_0 坐标。

13. 点击"导出"按钮将出现一新的对话框，并在对话框中选择相应的 n_0 值，点击"确定"可以获得该组的溶解焓、微分溶解焓以及微分稀释焓的数据。

14. 点击消隐曲线、消隐回归、消隐切线，可以分别对 Q-n 图中的实验原始点、回归拟合曲线以及生成的切线进行消隐导入实验记录表选项的 KNO_3 积分溶解焓、微分溶解焓、微分稀释焓表中。

15. 点击"载入数据"按钮，选择文件，可以将该文件中的数据导入 Q-n 数据表。

16. 点击浓度 n_{01} 和其右边的"确定"按钮，可以显示当前 Q-n 光标所在位置 n_0 值，并自动得出 n_{01} 变化到 n_{02} 积分溶解热。

17. 选择"实验数据表"选项，初始化按钮可以将该界面中的表和 Q-n 图已经存在的数据进行归零。

18. 点击"打印"按钮，出现打印预览界面，按"确定打印图表"，或按"取消"按钮返回。

（二）ZR-2J 溶解热测定仪器使用说明

1. 显示面板由 16 位液晶构成，如图 3-3 所示。

2. 按键

实验装置按键面板如图 3-4 所示。

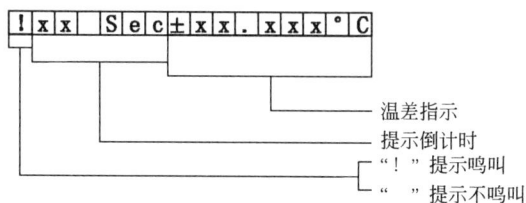

图 3-3 实验装置液晶面板图　　图 3-4 实验装置按键面板图

（1）"显示切换"按键。单独按下该键时，循环切换基准温度、温差。

（2）"时间设定"按键。按下该键时，计时器加一。

（3）"基准设定"按键。按下该按键，仪器以当前测定的温度为基准温度。系统显示的温差为当前温度与基准温度的差值。若需系统显示基准温度可通过显示面板上的切换键进行切换。

3. 蜂鸣器操作

（1）当同时按下，"显示切换"和"时间设定"时，显示屏左边出现"!"字符，蜂鸣器工作。

（2）关闭蜂鸣器：再同时按下"显示切换"和"时间设定"时，显示屏左边"!"字符消失。

4. 电极。分别将量热器上的两根连线插入仪器面板上的两个电极接口。

5. 电流显示、电压显示与电流调节。"电流显示""电压显示"可分别显示所需输出电流和电压。顺时针调节"电流调节"旋钮，输出电流和电压增大；逆时针调节"电流调节"旋钮，输出电流和电压减小。

注：旋转"电流调节"旋钮，使功率调节在 2.25W 左右（推荐值：电流 0.44A；电压 5.2V 左右）。

6. 搅拌调速（无级调速）。

实验四　差热分析研究 $CuSO_4 \cdot 5H_2O$ 的失水过程

一、实验目的

1. 掌握差热分析原理，了解差热分析仪的工作原理及使用方法。

2. 掌握差热分析仪对 $CuSO_4 \cdot 5H_2O$ 试样失水过程进行差热分析的方法，学会定性解释测得的差热谱图。

二、实验原理

差热分析（DTA）是在程序控制温度下，通过测量试样与参比物之间的温度差与温度（或时间）的相互关系来确定试样的物理化学性质的一种热分析方法。试样在加热或冷却过程中，当达到特定温度时，会发生熔化、凝固、晶型转变、分解、化合、吸附、脱附等物理变化或化学变化，伴随着有吸热和放热现象。当试样发生任何物理或化学变化时，所释放或吸收的热量会使试样温度高于或低于参比物的温度，从而相应地在 DTA 曲线上得到放热或吸热峰。

差热分析仪一般由程序温度控制系统、试样加热与差热信号测量系统、差热放大单元和数据处理等部分组成，其工作原理如图 4-1 所示。其中参比物一般选择在测量的温度范围内不会发生任何热效应的稳定物质，并且其热容及热导率应该尽可能地与待测试样相近，如石英粉、$\alpha\text{-}Al_2O_3$、氧化镁粉末等。

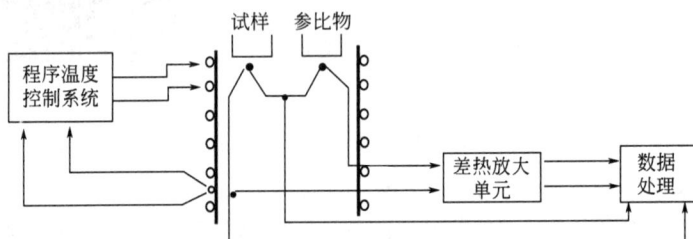

图 4-1　差热分析仪工作原理图

测试时将试样与参比物分别放在两只坩埚内，然后放入加热炉，并控制以一定速率升温。在升温过程中，因试样与参比物二者对热的性质不同，当给予二者同等热量时，其升温情况必然不同。记录在升温过程中二者之间产生的温度差（ΔT）对温度（T）或时间（t）的关系曲线称为 DTA 曲线，如图 4-2 所示。该曲线一般以温度差（ΔT）为纵坐标，以温度（T）或时间（t）为横坐标，曲线由吸热峰或放热峰组成。当试样在某一温度范围内发生吸热效应时，试样温度停止上升，试样温度比参比物温度低，即 $\Delta T < 0$，会形成吸热峰（如图 4-2 中的 2 峰和 4 峰）；若试样放

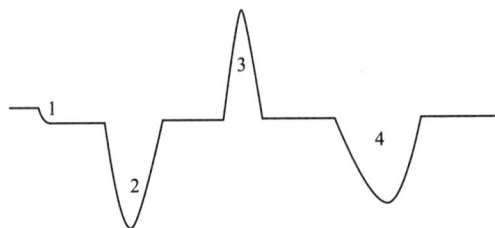

图 4-2　典型的差热曲线

热，则试样温度将加快上升，即 $\Delta T > 0$，此时形成放热峰（如图 4-2 中的 3 峰）。

在差热曲线上，峰的数目是测量温度范围内样品发生相变化或化学变化的次数；峰的位置对应着样品发生变化的温度；峰高、峰宽及对称性除与测定条件有关外，往往还与样品变化过程的动力学因素有关。从差热图谱中峰的方向和面积可以测得变化过程的热效应（吸热、放热以及热效应的大小）。例如由峰的面积可定量计算热效应的大小，峰面积 A 与相应热效应 Q 成正比：

$$Q = K \int_1^2 \Delta T \, \mathrm{d}t = KA \tag{4-1}$$

式(4-1) 中比例系数 K 可由标准物质实验来确定。K 值随温度、仪器、操作条件变化而变化，因此，用 DTA 做定量计算时要依赖实验时的操作因素。此外，由于差热测量系统中的热电偶对试样热效应反应较慢，热滞后增大，DTA 曲线中峰的分辨率较差。但在相同的测定条件下，许多物质的热谱图具有特征性：即一定的物质有一定的差热峰的数目、位置、方向、峰温等。所以，可通过与已知的热谱图的比较来鉴别样品的种类、相变温度、热效应等物理化学性质。如果反应热正比于反应物的物质的量，并且反应热已知，DTA 就能用来定量地估计物质的量。

三、仪器与试剂

仪器：CDR-4P 型差动热分析仪 1 套；电子天平 1 台；镊子 2 把。

试剂：CuSO₄·5H₂O(A. R.)；α-Al₂O₃(A. R.)。

四、实验步骤

1. 通水通气

接通冷却水，开启水源使水流畅通，保持冷却水流量 300mL·min^{-1} 以上，根据需要在通气口通入保护气体，将气瓶出口压力调节到 $0.59\sim0.98\text{MPa}$。

2. 开机

依次打开专用变压器开关、CDR-4P 差动热分析仪开关，预热 20min。开启计算机工作站开关和打印机开关。

3. 调节气体流量

将仪器左侧流量控制钮旋自 25mL·min^{-1} 至 50mL·min^{-1}。

4. 称量及放样

将 CuSO₄·5H₂O 样品研磨粉碎成粒度均匀的粉末，过筛（一般差热分析样品研磨到 200 目为宜），用电子天平准确称取约 5mg CuSO₄·5H₂O 粉末，装入坩埚；在另一只坩埚中放入 5mg 左右 α-Al₂O₃ 参比物（保持试样与参比物的比例大致为 1∶1）。将两只坩埚轻轻敲打颠实，转动手柄，将炉体升到顶部，然后将炉体向前转出，将样品坩埚放在样品支架的左侧托盘上，参比物坩埚放在右侧的托盘上，将炉体转回原位，利用炉架底座作为反射镜，观察试样支架是否在炉体的中间。慢慢转动手柄，轻轻放下加热炉体，盖好炉盖。

5. 参数设定

在计算机差热分析自动控制系统中，输入相应测量文件名，选择并设定好实验参数（升温速率 5℃·min^{-1}，终止温度等），依次输入测量序号、样品名称、质量、分子量、坩埚名称、气氛、气体流速、操作者姓名。检查计算机输入的参数，单击"确认"，开始实验。

实验结束后，打印差热谱图，进行结果分析。

6. 关机

等炉温降下来再依次关工作站、CDR-4P 差动热分析仪、专用变压器、冷却水、气瓶（为保护仪器，注意炉温在 50℃ 以上不得关闭主机电源）。

7. 数据分析

在计算机差热分析自动控制系统的分析界面，打开相应的测量文件，由所测样品的 DTA 曲线，选择项目进行分析。最后数据存盘，打印差热谱图。

五、实验注意事项

1. 坩埚一定要清洗干净，否则不仅影响导热，而且坩埚残余物在受热过程中也会发生物理化学变化，影响实验结果的准确性。

2. 样品用量要适度，对于本实验只需 5mg 左右。

3. 装样后坩埚外壁不应粘有样品，以免污染热电偶及样品托盘。

4. 坩埚要轻拿轻放，尤其是操作热重仪时，一定要小心，取放坩埚时，一定要将样品托板移过来，以免异物掉入炉内。

5. 在欲放下炉体时，务必先把炉体转回原处（即样品杆要位于炉体中心）才能摇动手柄，否则会弄断样品杆。

6. 实验完毕后，待炉温降至 50℃ 以下时，用镊子取出坩埚放入装废料的瓷坩埚中，切勿直接用手拿，以免烫伤。

六、数据记录与处理

1. 由所测 DTA 曲线，求出各峰的起始温度和峰温，将数据列表记录，求出所测样品热效应值。

2. 根据样品的化学性质和各峰的正负情况，说明各峰所代表的可能反应，写出相应的反应方程式。

七、思考题

1. 差热分析技术与简单热分析法有何异同？

2. 差热分析装置中，为什么要用导热良好的材料作保持器？

3. DTA 实验中如何选择参比物，要注意哪些事项？影响差热分析结果的主要因素有哪些？

4. 如何判断反应是吸热还是放热？为什么在升温过程中即使样品无变化也会出现温差？

八、实验讨论

差示扫描量热法（DSC）的原理和 DTA 相似，但可以克服用 DTA 做定量计算时要依赖实验时的操作因素、热滞后大、DTA 曲线中峰的分辨率较差等缺点。DSC 是在试样和参比物容器下面分别增加一个补偿加热丝和一个功率补偿放大器。当试样在加热过程中由于热反应而出现温差 ΔT 时，通过差热放大和差动热量补偿使流入补偿丝的电流发生变化，直至试样与参比物两边的热量平衡，温差 ΔT 消失为止。试样在热反应时发生的热量变化，由于及时输入电功率而得到补偿。这时，试样放热的速度就是补偿给试样和参比物的功率之差

ΔP。因此，DSC 曲线记录 ΔP 随 T 的变化而变化，即试样放（或吸）热速度随 T 的变化而变化。用 DSC 可直接测量热量，进行定量分析，这是与 DTA 的一个重要区别。

DSC 与 DTA 相比，另一突出优点是 DTA 在试样发生热效应时，试样的实际温度已不是程序升温时所控制的温度（如在升温时，试样由于放热而一度加速升温），而 DSC 热分析时，试样的热量变化由于随时得到补偿，试样与参比物的温度始终相等，避免了参比物与试样之间的热传递。故仪器反应灵敏，分辨率高。

九、附

CDR-4P 差动热分析仪使用说明

1. 准备工作

（1）转动手柄将电炉的炉体升到顶部，然后将炉体向前方转出，插好样品杆轻轻地向下摇到底。

（2）开启水源，并使水流畅通。

（3）打开各单元电源，预热 20min。打开计算机电源，启动计算机，双击"热分析仪"图表，进入差热分析自动控制系统，选择并设定好实验参数，开始实验。

2. 微机温控单元

按要求设置升温程序。

3. 差热放大单元

（1）面板装置及作用（图 4-3）

① 差热指示表　用以显示试样与参比物之间的温度。

② 斜率调整　差热基线的漂移可通过"斜率调整"开关进行部分校正。

③ 量程选择和调零旋钮　量程开关从 $\pm 10\mu V$ 到 $\pm 1000\mu V$ 分七挡转换，另有一挡"⊥"，当开关置于"⊥"时，差热放大器的输入端短路，用调零旋钮调整放大器的零位。

④ 移位　旋动该旋钮可使差热或差动基线平移至合适位置。

⑤ 差热-差动转换开关　根据样品需要，选择差热或差动。

（2）操作

① 差热基线调整　差热量程置于 $\pm 100\mu V$，使炉子以 $10℃\cdot min^{-1}$ 升温，观察 DTA 曲线。由于样品杆上未放样品和参比物，理论上基线应始终是一条直线。在升温过程中，若基线偏离原来位置，可通过以下两方法配合使用调整：一是在起始升温时基线出现较大偏移，可调节炉子中心三个调节螺钉，使样品支架与炉体相对位置发生变化，将基线拉回原处；二是待炉温升到高温阶段（500℃），通过"斜率调整"开关来调整，当基线校正接近到原来位置时，差热基线调整完毕。以后除非更换或拆卸样品支架和加热炉，否则不必再调整。

② 样品测试步骤　样品称好后放入坩埚，另一坩埚放入质量相等的参比物 $\alpha\text{-}Al_2O_3$，样品置于支架左侧，参比物置于支架右侧。选择适当的差热量程。若是未知样品，可先用较大量程预做一次。根据测试要求，编制温控程序使炉温按预定要求变化。启动计算机处理软件，实时采集。

4. 差动补偿单元

（1）面板装置　准备-工作转换开关："准备-工作"开关，在用差动测试样品时，一定要放在"工作"位置上。

量程：量程开关从 8mV 到 200mV 分为六挡转换。

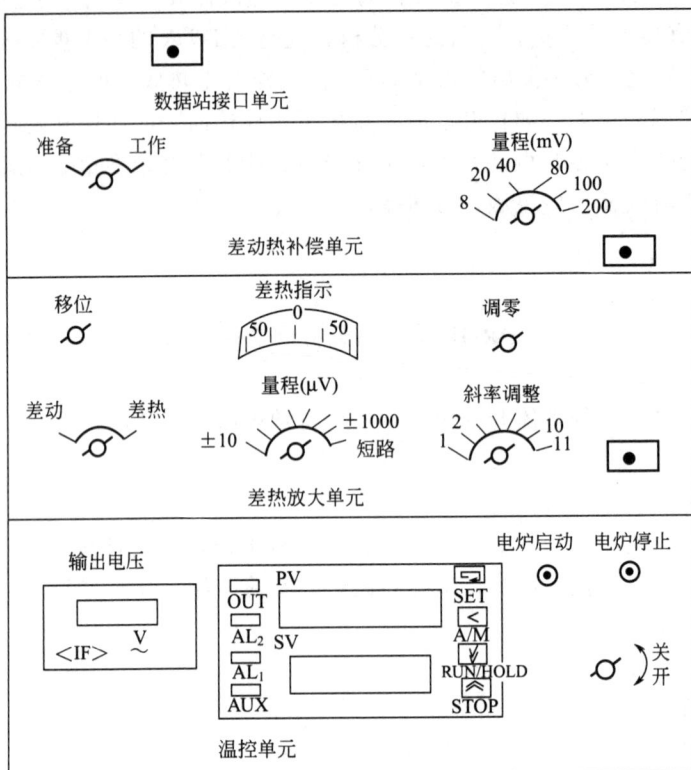

图 4-3　CDR-4P 差动热分析仪面板

（2）操作

① 将"差动-差热转换"开关置于"差动"位置。差热放大单元上的量程开关置于 $100\mu V$ 处（注意：不论差动热补偿的量程选择在哪一挡，使用差动补偿单元测试时，差热放大单元上的量程一定要放在 $100\mu V$）。

② 样品测试步骤同 DTA。

5. 气氛系统

可根据测试需要通入气氛，气体从钢瓶经减压阀至炉体气氛进口接头，调节减压阀输出压力表为 $2.5 kgf \cdot cm^{-2}$，调节稳压阀使压力表读数为 $2 kgf \cdot cm^{-2}$，气体流量调至 $10 \sim 90 mL \cdot min^{-1}$ 内任一点。另取一端有接头螺母聚乙烯管，连接气氛出口可将实验废气排至室外。

实验五　液体饱和蒸气压的测定

一、实验目的

1. 了解用静态法测定水在不同温度下的蒸气压的原理，学会用图解法求所测温度范围内的平均摩尔蒸发焓及正常沸点。

2. 掌握真空泵、恒温槽及气压计的使用。

二、实验原理

一定温度下，纯液体与其蒸气达平衡时的蒸气压称为该温度下液体的饱和蒸气压，简称为蒸气压。当蒸气压与外界压力相等时液体沸腾。因此，在各沸腾温度下的外界压力就是该温度下液体的饱和蒸气压。外压为 101.325kPa 时的沸腾温度定义为液体的正常沸点。一定温度下 1mol 液体蒸发所吸收的热量称为该温度下液体的摩尔蒸发焓。

液体的蒸气压随温度而变化，若将气体视为理想气体并略去液体的体积，且忽略温度对摩尔蒸发焓 $\Delta_{vap}H_m$ 的影响，则液体的饱和蒸气压与温度的关系可用 Clausius-Clapeyron 方程式表示：

$$\frac{\mathrm{d}\ln p}{\mathrm{d}T}=\frac{\Delta_{vap}H_m}{RT^2} \tag{5-1}$$

式中，p 为液体的饱和蒸气压，Pa；R 为摩尔气体常数，8.314J·mol^{-1}·K^{-1}；T 为热力学温度，K；$\Delta_{vap}H_m$ 为在温度 T 时液体的摩尔蒸发焓，J·mol^{-1}。

若 $\Delta_{vap}H_m$ 与温度无关，或在温度变化较小的范围内，$\Delta_{vap}H_m$ 可以近似作为常数，积分式(5-1) 得：

$$\ln p=-\frac{\Delta_{vap}H_m}{R}\times\frac{1}{T}+B \tag{5-2}$$

其中 B 为积分常数，与压力 p 的单位有关。通过实验测得 p、T 数据，以 $\ln p$ 对 $1/T$ 作图可得一直线，直线的斜率为 $-\Delta_{vap}H_m/R$，由斜率可求算液体的 $\Delta_{vap}H_m$（平均摩尔蒸发焓）。

静态法测定液体饱和蒸气压，是指在某一温度下，直接测量液体的饱和蒸气压。此法一般适用于蒸气压比较大的液体，实验装置如图 5-1 所示。

平衡管由 A 球和 U 形管 B、C 组成。平衡管上接一冷凝管，以橡皮管与压力计相连。A 内装待测液体，当 A 球的液面上纯粹是待测液体的蒸气，而 B 管与 C 管的液面处于同一水平时，则表示 B 管液面上的压力（即 A 球液面上的蒸气压）与 C 管液面上的外压相等。此时，体系气液两相平衡的温度称为液体在此外压下的沸点。用静态法测量纯液体在不同温度下的饱和蒸气压，有温

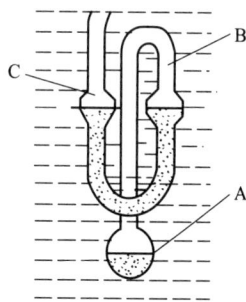

图 5-1　平衡管示意图

度升高方向和温度降低方向两种测定方法。本实验采用温度升高方向测定水在不同温度下的蒸气压。

三、仪器与试剂

仪器：恒温槽 1 套；平衡管 1 只；精密压差计 1 台；真空泵及附件等。
试剂：重蒸馏水。

四、实验步骤

1. 仪器准备

将纯水装入平衡管，调节 A 球水的量约 2/3 体积，B 和 C 管水的量各 1/2 体积，然后按图 5-2 装妥各部分。

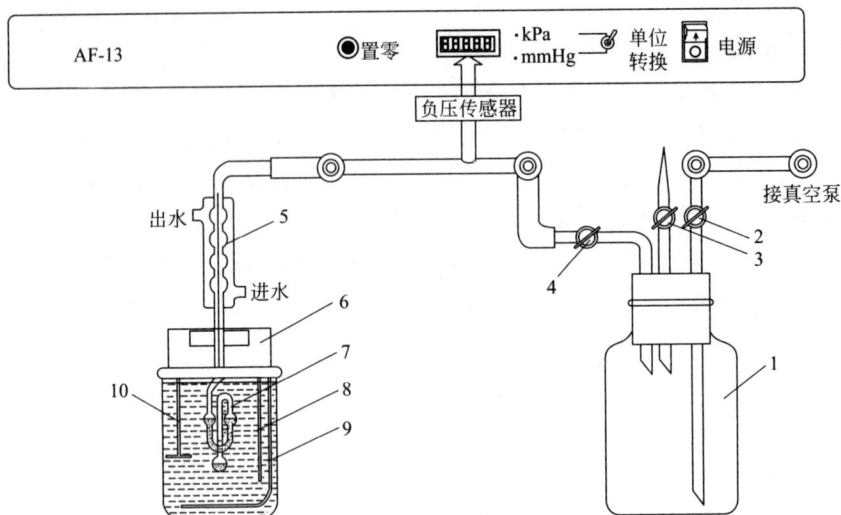

图 5-2 液体饱和蒸气压测定装置

1—缓冲稳压瓶；2—透气阀；3—排气阀；4—出气阀；5—冷凝器；6—DF-02 恒
温水槽；7—平衡管；8—温度传感器；9—加热器；10—搅拌器

2. 检查系统气密性

打开活塞 4、活塞 3，旋转活塞 2 使系统与真空泵连通，开动真空泵；关闭活塞 3，抽气减压至压力计显示为 −30～40mmHg❶ 时，然后关闭活塞 2，观察压力计的读数，如果压力计的读数在 5min 内基本不变，则表明系统不漏气。若有变化，则说明漏气，应停止抽气，仔细检查各接口处直至不漏气为止。

3. 排除 AB 弯管空间内的空气

若室温在 20℃附近，应减压至约 −740mmHg，此时 A、B 之间的空气将不断随水蒸气逸出，如此抽气 1～2min，可认为余下的空气已达到实验允许误差以下，不影响实验结果。

4. 饱和蒸气压的测定

当空气被排除干净，且体系温度恒定后，关闭活塞 2，旋转活塞 3 缓缓放入空气，直至 B、C 管中液面平齐，关闭直通活塞 3，同时记录温度与压力计示数，在同一温度下再测定两次。然后，将恒温槽温度升高 5℃，当待测液体再次沸腾，体系温度恒定后，放入空气使 B、C 管液面再次平齐，记录温度和压力计示数。如此依次测定其他温度下水的饱和蒸气压。共测 6 个值。

实验完毕，打开各活塞，使整个系统连通大气，关闭真空泵、压差计及恒温槽，切断电源，关闭冷凝水。

若沿降温方向测定，因温度降低，水的饱和蒸气压减小。为了防止空气倒吸，在降低温度的同时，应及时使系统减压。其他操作步骤与上相同。

五、实验注意事项

1. 只有在活塞 2 和 3 均打开通大气时，才能启动或停止真空泵。
2. 平衡管中 A、C 液面间的空气必须排除干净。

---

❶ 1mmHg＝133.322Pa，下同。

3. 抽气速度要适中，避免平衡管内液体沸腾过剧致使 U 形管内的液体被抽尽。

4. 测定中，打开进空气活塞时，切不可太快，以免空气倒灌入 AB 弯管的空间中。如果发生倒灌，则必须重新排除空气。

六、数据记录与处理

1. 实验记录

见表 5-1。

表 5-1　实验记录

室温：_____；大气压 p_0 _____。

实验序号	温度/K	压力计读数 $p_测$		饱和蒸气压 $(p = p_0 - p_测)$/Pa	$\ln(p/\mathrm{Pa})$	$(1/T)/\mathrm{K}^{-1}$
		/mmHg	/Pa			
1						
2						
3						
4						
5						
6						

2. 数据处理

以 $\ln(p/\mathrm{Pa})$ 对 $(1/T)/\mathrm{K}^{-1}$ 作图，求出直线的斜率，并由斜率算出此温度范围内纯水的平均摩尔蒸发焓 $\Delta_{\mathrm{vap}}H_{\mathrm{m}}$，求算纯水的正常沸点。

七、思考题

1. 试分析引起本实验误差的因素有哪些？

2. 为什么 AB 弯管中的空气要排干净？怎样操作？怎样防止空气倒灌？

3. 本实验方法能否用于测定溶液的饱和蒸气压？为什么？

4. 压力计中所读数值是否是纯液体的饱和蒸气压？

八、实验讨论

1. 测定蒸气压的方法除本实验介绍的静态法外还有动态法、饱和气流法等，但以静态法准确性较高。

2. 动态法是改变外压测得液体的不同沸腾温度，从而得到不同温度下的蒸气压，对于沸点较低的液体，用此法测定的蒸气压与温度的关系是比较好的。

3. 饱和气流法是用一定体积的空气（或惰性气体）以缓慢的速率通过一个易挥发的欲测液体，使空气被该液体蒸气饱和。分析混合气体中各组分的量以及总压，再按照道尔顿分压定律求算混合气体中蒸气的分压，即是该液体的蒸气压。此法亦可测定固态易挥发物质如碘的蒸气压。它的缺点是通常不易达到真正的饱和状态，因此实测值偏低。故这种方法通常只用来求溶液蒸气压的相对降低。

九、附

AF-13 饱和蒸气压数字测量仪使用说明

真空橡皮管由教师于实验前连接。

1. 将待测系统打开与大气相通。

2. 插上电源，打开电源开关，预热 10min。

3. 按"置零"键，显示屏数字应为"－0.0000"。这即标志以大气压为零点。在实验的测量过程中不要按此键。

4. 根据实验需要，将转换开关置于"kPa"或"mmHg"处。

5. 其他操作与水银压差计相同。

实验六　完全互溶双液系相图的绘制及最低恒沸点的测定

一、实验目的

1. 掌握绘制完全互溶双液系相图的方法，并确定最低恒沸点的组成及其温度。
2. 掌握正确的沸点测量技术。
3. 掌握用阿贝折光仪测量液体和蒸气组成的工作原理及其使用方法。

二、实验原理

完全互溶双液系统是由两种在室温时为液态的物质以任意比例互溶形成的。当环境的压力一定，双液系达到气液平衡时，其沸点就只与气液两相的组成（或者说是浓度）有关。本实验测定双液系在常压下的沸点与组成之间的关系，并绘制成相图，即沸点-组成相图。

实际的完全互溶双液系的沸点-组成图有三种类型，如图 6-1 所示。其中图 6-1(a) 所示的双液系沸点介于两种纯组分沸点之间，如苯-甲苯、甲醇-乙醇体系；图 6-1(b) 双液系具有最高恒沸点，如 HCl-水体系；图 6-1(c) 双液系具有最低恒沸点，如苯-乙醇、环己烷-乙醇体系。本实验绘制环己烷-乙醇体系的沸点-组成图，并通过实验找出该双液系的最低恒沸点。

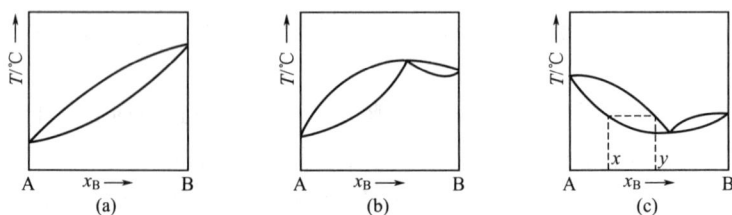

图 6-1　完全互溶双液系的沸点-组成相图

图 6-1 中，横坐标表示组分 B 的组成，实验中用组分 B 的质量分数表示。纵坐标表示体系的温度。一定组成的体系在恒定压力下沸腾，此时的温度即为体系的沸点。体系的沸点是随着

气液两相组成的不同而不同的。相图中的两条曲线分别为液相线与气相线。上方一条为气相线，表示体系沸点与气相组成之间的变化关系；下方一条为液相线，表示体系沸点与液相组成的变化关系。在图 6-1(b) 和图 6-1(c) 中，液相线与气相线的交点为极值点，表示气相组成与液相组成相同，对应的温度为体系的恒沸点，对应组成的混合物为恒沸混合物。当环境压力改变时，恒沸点温度与恒沸物的组成也会随之而改变。

　　实验中在测定常压下双液系沸点的同时，要测定其气液两相的组成。不同体系组成的环己烷-乙醇双液系沸点是在沸点仪中当体系回流冷凝达到平衡时测定的。平衡液相和气相冷凝液的组成用折射率法测定，即用阿贝折光仪分别测定气液两相的折射率，并通过对比由实验室事先绘制好的折射率-质量分数曲线（标准曲线），将折射率转换为相应的液相与气相的质量分数。

　　溶液的沸点与环境的气压有关。当环境的气压为标准大气压（101.325kPa）时，溶液的沸点为正常沸点。而实验室气压通常会偏离标准大气压，因此实验中需要对溶液的沸点进行校正。本实验用乙醇进行沸点校正。实验时用温度计测量乙醇的沸点，并与其正常沸点（78.3℃）比较，得出偏差值，并对后续实验中测定的各溶液的沸点进行偏差值的校正。

　　本实验所用的仪器为沸点仪，其结构如图 6-2 所示。

　　沸点仪主体是一只带有回流冷凝管的长颈圆底烧瓶。其中 3 为电加热丝，直接浸在溶液中加热溶液，可减少过热和防止暴沸。温度计 1 的水银球一半浸在液面下，一半露在蒸气中，用于测定体系的温度，当体系达到沸腾时所测温度即为沸点。冷凝管底部有个球形小室 5，用以收集气相的冷凝液，可以用长胶头滴管从支管 4 抽取气相的冷凝液样品。实验中将沸腾时的平衡蒸气通过冷凝管凝聚在球形小室 5 内，即可将气液两相分离。

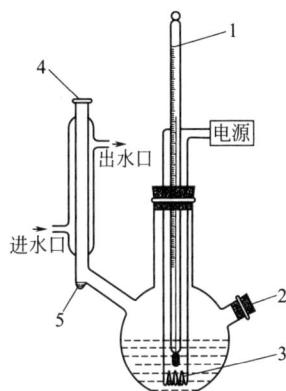

图 6-2　沸点仪
1—温度计；2—进样口；3—加热丝；4—气相冷凝液取样口；5—球形小室

　　用折射率法分析组成时，有所需样品量较少的优点，且由于乙醇和环己烷的折射率相差较大，因此折射率法对本实验较适用。

　　物质的折射率与温度有关，因此，测定液相和气相冷凝液的折射率时，其温度要恒定在标准曲线所对应的温度。

三、仪器与试剂

　　仪器：沸点仪（内附电加热丝）1 套；温度计（50～100℃）1 支；阿贝折光仪 1 台；250mL 烧杯 1 个；50mL 量筒 1 个；调压器 1 台。

　　试剂：纯环己烷（A.R.）；无水乙醇（A.R.）。

四、实验步骤

1. 配制待测溶液

　　相图的左半支（1#～4#）：于 20mL 乙醇中分别加入环己烷 3mL，9mL，23mL，43mL。相图的右半支（5#～8#）：于 50mL 环己烷中分别加入乙醇 19mL，10mL，5mL，2mL。

2. 温度计的校正

　　将已干燥的沸点仪如图 6-2 安装好，检查管口木塞是否塞紧。电热丝必须靠近沸点仪底部的中心处。自进样口 2 加入纯乙醇（约 40mL），调节温度计位置，使水银球的中部恰在液面处，且距离加热丝约 2cm，塞上支管塞。打开冷凝水，接通电源，用调压变压器调节电压至 15V 左右，使待测液缓缓加热。待待测液开始沸腾后，再调压至待测液缓缓沸腾，蒸气能在冷凝管下端小球 5 处凝聚，且温度恒定后（相隔 5min 读数不变），记录所得温度和室内大气压。停止通电，倾出待测液。

3. 待测液的沸点和气液两相折射率的测定

取 1# 待测液 40mL 同法加热使其沸腾。最初在冷凝管下端小球 5 处冷凝的液体不能代表平衡时气相的组成，为加速达到平衡，可将小球 5 处最初冷凝的液体倾回蒸馏器中，并反复 2~3 次，温度计读数恒定后记下沸点，然后切断电源，停止加热。用 250mL 烧杯，内盛冷水套在沸点仪底部，冷却容器内的液体，分别用长、短干燥的胶头滴管，吸取冷凝液和液相溶液少许（约 1mL），立即测定折射率，每号样品的气、液相折射率各测三次。

同法对 2# ~8# 待测液进行实验，各次实验后的溶液均倒回原瓶中。

4. 气液两相组成的确定

由气液两相的折射率，从折射率-质量分数标准曲线上确定其组成。

五、实验注意事项

1. 电阻丝不能露出液面，一定要被待测液浸没，否则，通电加热时会引起有机液体燃烧。电压不能太大，只要使待测液沸腾即可。

2. 一定要使体系达到气液平衡，即温度计读数要稳定，取样分析前，先用待测液洗涤胶头滴管（在待测液内缓慢捏压、放松橡皮头）。

3. 测折射率要快，以避免不同组分挥发程度不一而影响待测液组成。使用阿贝折光仪时，棱镜不能触及硬物，擦拭棱镜需用擦镜纸。

4. 实验过程必须在冷凝管中通入冷却水，以使气相全部冷凝。

六、数据记录与处理

1. 实验记录

见表 6-1。

室温_____ K；大气压_____ Pa；乙醇的正常沸点_____ K；乙醇的实测沸点_____ K。

表 6-1　数据记录与处理

样　品　号	实测沸点/K	液　相	气　相
		n_D^t	n_D^t

2. 数据处理

(1) 温度计读数的校正 测定纯乙醇在实验室气压下的沸点,并与乙醇的正常沸点比较,得出偏差值。求出温度计本身误差的校正值,并逐一校正各个不同浓度溶液的沸点。

(2) 气液两相组成的确定 由气液两相的折射率,从折射率-组成标准曲线上,确定每号待测液在其沸点时气液相的组成,结果如表6-2所示。

表 6-2 气液两相组成的确定

样 品 号	沸 点/K	液 相		气 相	
		n'_D	$w_{乙醇}/\%$	n'_D	$w_{乙醇}/\%$

(3) 利用表6-2数据绘制环己烷-乙醇相图(T-w 图),并确定最低恒沸点及恒沸混合物的组成。

七、思考题

1. 在测定时,有过热或分馏作用,将使测得的相图产生什么变化?
2. 沸点仪中的小球 5 体积过大或过小,对测量有何影响?
3. 最初冷凝在小球 5 内的液体能不能代表平衡时气相的组成?
4. 按所得相图,讨论该溶液蒸馏时的分离情况。

八、实验讨论

1. 测定沸点与组成的关系时,也可以用间歇方法测定。先配好不同质量分数的溶液,按顺序依次测定其沸点及气相、液相的折射率。将配好的第一份溶液加入沸点仪中加热,待沸腾稳定后,读取沸点温度,立即停止加热。取气相冷凝液和液相液体分别测其折射率。用滴管取尽沸点仪中的测定液,放回原试剂瓶中。在沸点仪中再加入新的待测液,用上述方法同样依次测定(注意:更换溶液时,务必用滴管取尽沸点仪中的测定液以免带来误差。)

2. 具有最低恒沸点的完全互溶双液体系很多,除了上面叙述的环己烷-乙醇体系外,还有环己烷-异丙醇、苯-乙醇体系等。环己烷-异丙醇的实验与本实验的工作曲线及 T-x 图的绘制方法完全相同,只是样品的加入量有所区别。苯-乙醇体系可以精确绘制出 T-x 图,而其余体系液相线较为平坦,T-x 图欠佳。但苯有毒,故一般不选用苯-乙醇体系进行实验。

3. 如果已知溶液的密度与组成的关系曲线，也可以用测定密度来定出其组成。但这种方法往往需要较多的溶液量，而且费时。而测定折射率的方法，简便且液体用量少，但它要求组成体系的两组分的折射率有一定差值。

九、附

阿贝折光仪使用说明

仪器结构如图 6-3 所示。

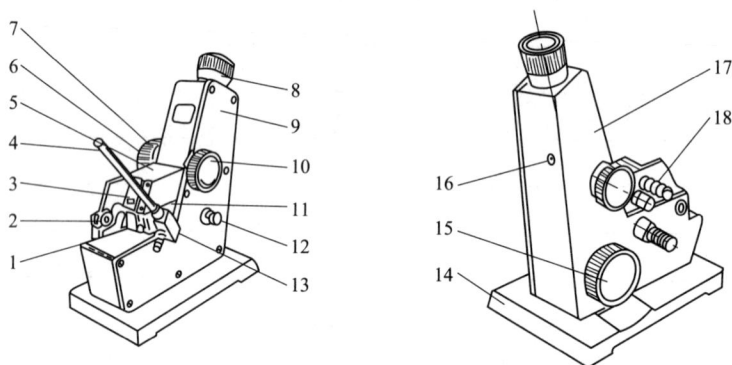

图 6-3　阿贝折光仪仪器结构

1—反射镜；2—转轴；3—遮光板；4—温度计；5—进光棱镜座；6—色散调节手轮；7—色散值刻度圈；8—目镜；
9—盖板；10—手轮；11—折射标棱镜座；12—照明刻度盘聚光镜；13—温度计座；14—仪器的支撑座；
15—折射率刻度调节手轮；16—小孔；17—壳体；18—恒温器接头

使用方法如下。

1. 准备工作

（1）在开始测定前必须先用标准玻璃块校对读数，将标准玻璃块的抛光面上加一滴溴代萘，贴在折射棱镜抛光面上，标准玻璃块抛光的一端应向上，以接收光线。当读数镜内指示于标准玻璃块上之刻值时，观察望远镜内明暗分界线是否在十字线中间。若有偏差，则用附件方孔调节扳手转动示值调节螺丝使明暗分界线调整至中央。在以后测定过程中螺丝不允许再动。

（2）开始测定之前必须将进光棱镜及折射棱镜擦洗干净，以免留有其他物质影响测定精度（如用乙醚或酒精洗干后再加入被测液体）。

2. 测定工作

（1）将棱镜表面擦干净后把待测液体用滴管加在进光棱镜的磨砂面上，旋转棱镜锁紧手柄，要求液体均匀无气泡并充满视场（若被测液体为易挥发物，则在测定过程中须用针筒在棱镜组侧面的一个孔内加以补充）。

（2）调节两反光镜使二镜筒视场明亮。

（3）旋转手柄使棱镜转动，在望远镜中观察明暗分界线上下移动，同时旋转阿米西棱镜手柄使视场中除黑白二色外无其他颜色，当视场中无色且分界线在十字线中心时，观察读数镜视场右边所指示刻度值即为测出之 n_D。

（4）测量固体时，固体上需有两个互相垂直的抛光面。测定时，不用反光镜及进光棱镜，将固体一抛光面用溴代萘粘在折射棱镜上，另一抛光面向上，其他操作与上同。若被测固体折射率大于 1.66，则不应用溴代萘固体而改用二碘甲烷。

（5）当测量半透明固体时，固体上需有一个抛光面，测量时将固体的一个抛光面用溴代萘粘在折射棱镜上，取下保护罩作为进光面，利用反射光来测量，具体操作与上同。

（6）测量糖溶液内含糖量时，操作与测量液体折射率时相同，此时应从读数镜视场左边所指示值读出，即为糖溶液含糖量的百分数。

（7）若需测量在不同温度时的折射率，将温度计旋入温度计座内，接上恒温器，把恒温器的温度调节到所需测量温度，待温度稳定 10min 后，即可测量。

实验七　二组分金属相图的绘制

一、实验目的

1. 掌握热分析法测绘二组分金属相图的基本原理。
2. 掌握热分析法的测量技术。
3. 学会 JX-3DA 型金属相图测量装置的使用方法。

二、实验原理

热分析法是绘制相图的常用方法之一。这种方法是通过观察体系在冷却（或加热）时温度随时间的变化关系，来判断有无相变的发生。通常的做法是先将体系全部熔化，然后让其在一定环境中自行冷却，并每隔一定的时间记录一次温度。以温度（T）为纵坐标、时间（t）为横坐标、画出步冷曲线 T-t 图。图 7-1 是二组分金属体系的一种常见类型的步冷曲线。

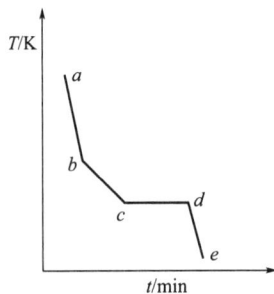

当体系均匀冷却时，如果体系不发生相变，则体系的温度随时间的变化将是均匀的，冷却也较快（如图 7-1 中 ab 线段）。若在冷却过程中发生了相变，由于在相变过程中伴随着热效应，所以体系温度随时间的变化速度将发生改变，体系的冷却速度减慢，步冷曲

图 7-1　步冷曲线

线就出现转折点（如图 7-1 中 b 点所示）。当熔液继续冷却到某一点时（如图 7-1 中 c 点），由于此时熔液的组成已达到最低共熔混合物的组成，故有最低共熔混合物析出，在最低共熔混合物完全凝固以前，体系温度保持不变，因此步冷曲线出现水平线段即平台（如图 7-1 中 cd 段）。当熔液完全凝固后，温度才迅速下降（如图 7-1 中 de 线段）。由此可知，对组成一定的二组分低共熔混合物体系，可以根据步冷曲线，判断固体析出时的温度和最低共熔点的温度。由步冷曲线中出现的平台或转折点即可以绘制出二组分金属相图，如图 7-2 所示。

本实验为 Pb-Sn 体系，是一种固态部分互溶的二组分体系，其相图如图 7-3 所示。

其相图绘制方法与简单低共熔体系相似，相图中虚线部分还需要有其他方法配合才能绘出，本实验只绘制实线平衡线。

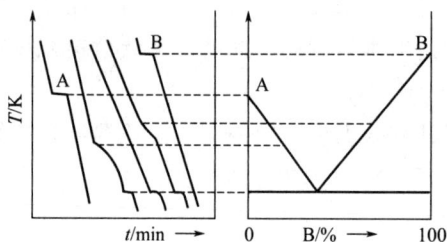

图 7-2　二组分金属相图

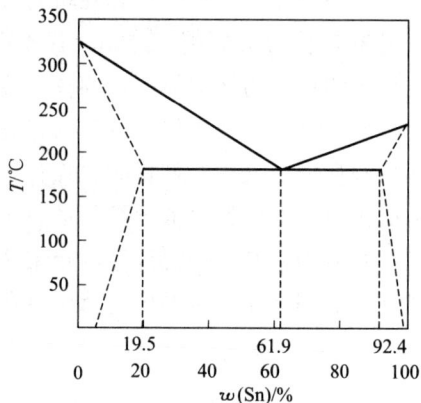

图 7-3　Pb-Sn 相图

三、仪器与试剂

仪器：JX-3DA 型金属相图测量装置 1 台；样品管 7 只。

试剂：纯 Sn；含 Sn80%、61.9%、40%、30%、20%的锡和铅混合物；纯 Pb；石墨粉。

四、实验步骤

1. 检查仪器各接口连线连接是否正确，连接好加热装置（本装置为三挡控制，当开关拨至一挡时，1、2、3、4 单元同时加热，拨至二挡时，5、6、7、8 单元同时加热，拨至三挡时，9、10 单元加热），确认连线已接好，插上电源插头，打开电源开关，让仪器预热 10min。

2. 熟悉各按钮功能的用法

（1）"温度切换"按钮，可在各个温度探头之间切换，并使探头温度显示窗口显示当前对应的探头温度。如需四个探头温度自动循环显示，操作方法为：按下"温度切换"按钮，依次按下让四个通道走完，再按一下会看到四个指示灯同时亮一下，这时进入自动循环状态，如需停止循环，按一下"温度切换"即可。

（2）"设置"按钮，使 JX-3DA 型金属相图测量装置进入设置状态。

（3）"加热"按钮，使加热器以加热功率开始加热，在设置状态下将调整的数值以 10 倍计算。

（4）"保温"按钮，使加热器以保温功率开始加热，在设置状态下将调整的数值以"+1"来计算。

（5）"停止"按钮，使加热器停止工作，在设置状态下将调整的数值以"-1"来计算。

（6）"▲▼"按钮，控制时钟的开启与关闭，在设置状态下调整时钟的计时时间。

3. 设置工作参数

（1）按"设置"按钮，加热速率显示器显示"o"，设置目标温度，显示在加热速率显示器上。按"+1"增加，按"-1"减少，按"×10"左移一位即扩大十倍，以下文献值供设置目标温度时参考（表 7-1）。

表 7-1　文献值

Pb-Sn 体系中 Sn 的含量/%	0	20	30	40	50	60	70	80	100
熔点/℃	327	276	262	240	220	190	185	200	232
最低共熔点/℃				181(含锡量 61.9%)					

（2）再按"设置"按钮，加热速率显示器显示"b"，设置保温功率，显示在加热速率显示器上。按"＋1"增加，按"－1"减少，按"×10"左移一位即扩大十倍，保温功率的大小由实验条件确定。

（3）再按"设置"按钮，加热速率显示器显示"c"，设置加热速率，显示在加热速率显示器上。按"＋1"增加，按"－1"减少，按"×10"左移一位即扩大十倍，本实验的升温速率设置在 10℃·min^{-1} 左右。

（4）"▲▼"用于调整时钟计数可在 0～99s 范围内循环。本实验设置在 30s 内循环，设置完成后，按下"加热"按钮，加热器开始加热。

4. 依次测定各样品的步冷曲线。当加热器停止加热，显示器显示温度升至一定温度后开始下降时，每隔 30s 记录温度一次，直到步冷曲线的水平部分以下为止。降温过程可根据环境温度等因素，启用保温或开风扇来改善降温速率，使之匀速降温，降温速率控制在 5～8℃·min^{-1}。

五、实验注意事项

1. 用加热器加热样品时，注意温度要适当，温度过高，样品易氧化变质；温度过低或加热时间不够，则样品没有全部熔化，步冷曲线转折点测不出。

2. 为使步冷曲线上有明显的相变点，必须将热电偶结点放在熔融体的中间偏下处，同时将熔体搅匀。

3. 不能在一个步冷曲线的测试中改变冷却速率，否则达不到均匀冷却而直接影响实验结果。

4. 工作时操作人员不能离开。

六、数据记录与处理

1. 实验记录见表 7-2。

表 7-2　样品冷却时不同时刻的温度　　　　　　　　　　　单位:℃

时间 \ 样号	1	2	3	4	5	6	7

2. 根据表 7-2 实验数据，分别绘制各样品的步冷曲线。

3. 由步冷曲线绘制铅锡二组分体系的相图，并注出相图中各区域的相态。

4. 从相图求出低共熔点温度及低共熔混合物的组成。

七、思考题

1. 步冷曲线各段的斜率以及水平段的长短与哪些因素有关？
2. 为什么要控制冷却速率，不能使其迅速冷却？
3. 如何防止样品发生氧化变质？
4. 用相律分析在各条步冷曲线上出现平台的原因。
5. 用加热曲线是否可作相图？

八、实验讨论

1. 用热分析法测绘相图时，被测体系必须时时处于或接近相平衡状态，因此，必须保证冷却速度足够慢才能得到较好的效果。此外，在冷却过程中，一个新的固相出现以前，常常发生过冷现象，轻微过冷，则有利于测量相变温度；但严重过冷现象，却会使转折点发生起伏，使相变温度的确定产生困难，如图 7-4 所示。遇此情况，可延长 dc 线与 ab 线相交，交点 e 即为转折点。

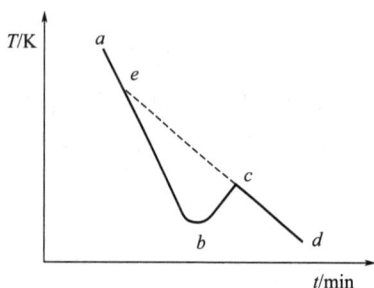

图 7-4　有过冷现象时的步冷曲线

2. 本实验成败的关键是步冷曲线上转折点和水平线段是否明显。步冷曲线上温度变化的速率取决于体系与环境间的温差、体系的热容量、体系的热传导率等因素，若体系析出固体放出的热量抵消散失热量的大部分，转折变化明显，否则转折就不明显。故控制好样品的降温速率很重要，降温过程可根据环境温度等因素，启用保温或开风扇来改善降温速率，使之匀速降温，降温速率控制在 $5 \sim 8℃ \cdot min^{-1}$。

3. 相图中虚线部分表示固溶体相变过程，其相变热较小，用本实验的方法不易测出相变点，比较好的方法是差热分析（DTA）或差示扫描量热（DSC）法。对于一些二组分金属体系，若挥发的蒸气对人体健康有害，也应采用差热分析（DTA）或差示扫描量热（DSC）法。

4. 绘制二组分固液相图还有溶解度法。溶解度法是指在确定的温度下，直接测定固液两相平衡时溶液的浓度，然后根据测得的温度和相应的溶解度数据绘制相图，这种方法适用于常温下易测定组成的体系，如水-盐二组分体系等。

实验八　氨基甲酸铵分解反应的热力学函数测定

一、实验目的

1. 掌握用等压法测定氨基甲酸铵的分解平衡压力。
2. 计算相应温度下该分解反应的标准平衡常数、标准摩尔反应焓变 $\Delta_r H_m^{\ominus}$、标准摩尔反应吉布斯函数变 $\Delta_r G_m^{\ominus}$ 及标准摩尔反应熵变 $\Delta_r S_m^{\ominus}$。

二、实验原理

氨基甲酸铵是合成尿素的中间体，白色固体，很不稳定，加热时按下式分解：

$$NH_2COONH_4(s) \longrightarrow 2NH_3(g) + CO_2(g)$$

该反应为复相反应，在封闭体系中很容易达到平衡，在常压下其标准平衡常数可表示为：

$$K^\ominus = \left\langle \frac{p_{NH_3(g)}}{p^\ominus} \right\rangle^2 \left\langle \frac{p_{CO_2(g)}}{p^\ominus} \right\rangle = p^2_{NH_3(g)} p_{CO_2(g)} (p^\ominus)^{-\Sigma\nu_B} \tag{8-1}$$

系统的总压等于 $p_{NH_3(g)}$、$p_{CO_2(g)}$ 之和，即：$p_{总} = p_{NH_3(g)} + p_{CO_2(g)}$。

由化学反应计量式可知：$p_{NH_3(g)} = \frac{2}{3}p_{总}$，$p_{CO_2(g)} = \frac{1}{3}p_{总}$，故标准平衡常数 $K^\ominus$ 为：

$$K^\ominus = \frac{4}{27} p^3_{总} (p^\ominus)^{-3} \tag{8-2}$$

因此，当分解反应达到平衡时，通过测量系统总压 $p_{总}$，即可计算出标准平衡常数 $K^\ominus$。

由范特霍夫等压方程可知，标准平衡常数与温度的关系为：

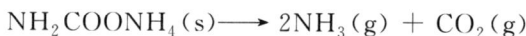

图 8-1　$\ln K^\ominus$-$1/T$ 曲线

$$\left(\frac{\partial \ln K^\ominus}{\partial T}\right)_p = \frac{\Delta_r H_m^\ominus}{RT^2} \tag{8-3}$$

当温度在不太大的范围内变化时，标准摩尔反应焓 $\Delta_r H_m^\ominus$ 可视为常数。对上式进行不定积分，得：

$$\ln K^\ominus = -\frac{\Delta_r H_m^\ominus}{R} \times \frac{1}{T} + C' \quad (C'为积分常数) \tag{8-4}$$

用 $\ln K^\ominus$ 对 $\frac{1}{T}$ 作图，得一直线，如图 8-1 所示，直线

斜率 $m = -\dfrac{\Delta_r H_m^\ominus}{R}$，由此可计算出：

$$\Delta_r H_m^\ominus = -mR \,;\quad \Delta_r G_m^\ominus = -RT\ln K^\ominus \,;\quad \Delta_r S_m^\ominus = \frac{\Delta_r H_m^\ominus - \Delta_r G_m^\ominus}{T} \,。$$

三、仪器与试剂

仪器：实验装置一套（如图 8-2 所示）；真空泵一台。

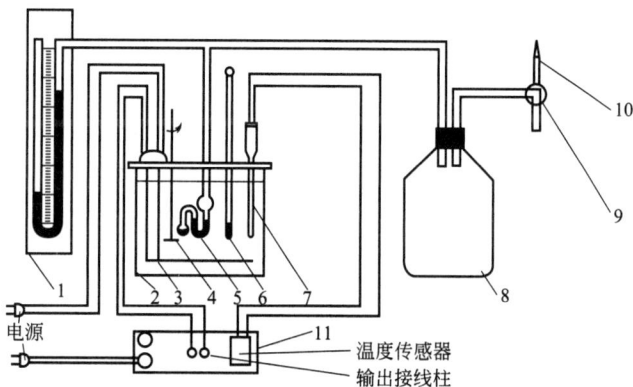

图 8-2　氨基甲酸铵分解反应热力学函数测定实验装置图

1—U 形压差计；2—恒温水浴；3—加热器；4—搅拌器；5—等压计；6—温度计；

7—感温元件；8—缓冲瓶；9—三通旋塞；10—毛细管；11—温度指示控制仪

试剂：氨基甲酸铵（自制）。

四、实验步骤

1. 检漏

检查并确认装有样品的等压管已经与系统连接好，旋转三通旋塞使系统与真空系统连通，启动真空泵。能将系统压力减小到 700mmHg 真空度，可认为系统密闭性良好。

2. 调温

调整温度指示控制仪，控制恒温水浴的温度在 25.00℃ 左右，恒温 15min。

3. 测量

在真空泵运行的状态下，使系统与真空系统连通，抽气约 15min。旋转旋塞，使系统与真空系统隔开，再缓缓调节旋塞，使空气经毛细管进入系统（给系统增压），直至连接小玻璃泡的等压计的 U 形管两臂中的汞面平齐，立即关闭旋塞。观察汞面高度变化，这个过程往往经过 3～4 次调节，每次调节完成后观察 2～3min，若汞面发生变化，则继续调节。大约 10min 达到平衡，若等压计中汞面保持 5min 不变，则同时读取 U 形压差计上的汞高差、恒温槽温度、大气压。

在真空泵运行且未与大气相通的状态下，再旋转旋塞将系统与真空系统接通，继续排气 5min，按上述方法重新测定 25℃ 时的分解压力，如果两次测量结果相差 2mmHg，可以进行第二个温度（约 30℃）下分解压力的测定。此后每隔约 5℃ 测量一组数据，共测量 6 组数据。每调整到一个新的温度，都要在此温度下恒定 10min，然后从毛细管缓慢向系统放入空气，使等压计 U 形管两臂汞高差平齐且保持 5min 不变，再读取数据。

五、实验注意事项

1. 旋转三通旋塞时一定要缓慢进行，小心操作。若放空气速度太快或放气量太多，易使空气倒流，即空气将进入到氨基甲酸铵分解的反应瓶中，此时实验需重做。

2. 当压力差两次测量结果相差小于 2mmHg，才可视为样品管内空气已排空。否则，所读压力差不一定是该温度下氨基甲酸铵的分解平衡压力。

3. 残留在设备上的氨基甲酸铵的分解产物，能相互反应重新生成氨基甲酸铵，在环境温度较低时，会黏附在设备内壁上。因此，在测量结束后要进行净化处理，将设备再次抽气。

六、数据记录与处理

1. 数据记录见表 8-1。

表 8-1　数据记录

温　　度		大气压 p_0/Pa	汞　柱　高　度		
t/℃	T/K		左支汞高 H_L/mmHg	右支汞高 H_R/mmHg	汞高差 ΔH/mmHg

2. 校正汞高和汞高差，计算平衡压力（＝大气压－汞高差）。

3. 计算平衡常数。

4. 以 $\ln K^{\ominus}$ 对 $\frac{1}{T}$ 作图，由斜率求 $\Delta_r H_m^{\ominus}$；并计算 25℃ 或 30℃ 时的 $\Delta_r G_m^{\ominus}$、$\Delta_r S_m^{\ominus}$。

七、思考题

1. 如何从压差计测得系统压力，直接读得的汞高为什么需要校正？

2. 如何判断氨基甲酸铵分解已达平衡？未平衡测数据将有何影响？

3. 在实验装置中，安装缓冲瓶和使用毛细管的作用是什么？

4. 为什么一定要排净小球中的空气？若体系有少量空气，对实验有何影响？

八、实验讨论

氨基甲酸铵极不稳定，需自制。其制备方法为：氨和二氧化碳接触后，即能生成氨基甲酸铵。其反应式为：

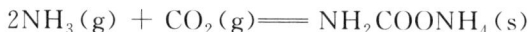

$$2NH_3(g) + CO_2(g) \Longrightarrow NH_2COONH_4(s)$$

如果氨和二氧化碳都是干燥的，生成氨基甲酸铵；若有水存在时，则还会生成 $(NH_4)_2CO_3$ 或 NH_4HCO_3，因此在制备时必须保持 $NH_3(g)$、$CO_2(g)$ 及容器都是干燥的，制备氨基甲酸铵的具体操作如下。

1. 制备氨气。$NH_3(g)$ 可由蒸发氨水或将 NH_4Cl 和 $NaOH$ 溶液加热得到，这样制得的 $NH_3(g)$ 含有大量水蒸气，应依次经 CaO、固体 NaOH 脱水。也可用钢瓶里的 $NH_3(g)$ 经 CaO 干燥。

2. 制备二氧化碳。$CO_2(g)$ 可由大理石（$CaCO_3$）与工业浓 HCl 在启普发生器中反应制得，或用钢瓶里的 CO_2 气体依次经 $CaCl_2$、浓硫酸脱水。

3. 合成反应在双层塑料袋中进行，在塑料袋一端插入一支进氨气管，一支进二氧化碳气管，另一端有一支废气导管通向室外。

4. 合成反应开始时先通入 CO_2 气体于塑料袋中，约 10min 后再通入 $NH_3(g)$，用流量计或气体在干燥塔中的冒泡速度控制 NH_3 气流速为 CO_2 两倍，通气 2h，可在塑料袋内壁上生成固体氨基甲酸铵。

5. 反应完毕，在通风橱里将塑料袋一头橡皮塞松开，将固体氨基甲酸铵从塑料袋中倒出研细，放入密封容器内于冰箱中保存备用。

实验九　气相色谱法测定无限稀释溶液的活度系数

一、实验目的

1. 掌握用气相色谱法测定物质的无限稀溶液活度系数的原理及方法，学会求其摩尔混合热。

2. 了解气相色谱仪的基本构造及原理，初步掌握色谱仪及色谱工作站程序的使用方法。

二、实验原理

无限稀释溶液的活度系数 γ^{∞} 是重要的热力学基础数据，通过 γ^{∞} 可以计算任意浓度的活度系数、混合热、溶解热及混合熵等热力学参数。利用气相色谱法测定活度系数简便、快速、样品用量少且结果较准确，比经典方法用时少、误差小。

色谱法是一种物理化学分离和分析方法。色谱法一般涉及两个相：固定相和流动相。在气-液色谱中固定相是液体，一般使用以薄膜状态涂渍在固体载体上的固定液，如甘油、液体石蜡等。涂渍过固定液的载体填充在色谱柱中。本实验用邻苯二甲酸二壬酯充当固定液。流动相是气体，称为载气，如 He、N_2、H_2 等，载气连续通过色谱柱时与固定液做相对运动。实验中用微量进样器注入样品，样品在气化室中气化，气化后的样品在载气的带动下通过色谱柱。样品中的各被分离组分在载气与固定液中有不同的分子间作用力，因此在载气带动下各组分的迁移和分布离散不同，导致在气液两相间进行连续多次分配，最终实现各组分的分离。由鉴定器检出从色谱柱中流出的各组分，并由记录仪将信号放大，记录在纸上成为多峰形的色谱图，或由电脑及色谱工作站程序进行处理。

当载气将被气化的样品携带进入色谱柱时，样品中的各组分在色谱柱中被逐一分离，分离后的各单一组分被载气推动依次流经鉴定器。流经时间与相对浓度之间的关系如图 9-1 所示。

把从进样到样品峰顶的时间称为组分的保留时间为 t_r，从进样到空气峰顶的时间称为死时间为 t_d，则组分的校正保留时间为 t_r'，因此：$t_r' = t_r - t_d$。若用 $\overline{F}_C$ 表示柱温柱压下载气的平均流速，则组分的校正保留体积为：$V_r' = t_r' \overline{F}_C$。

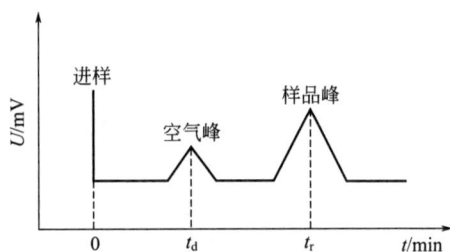

图 9-1 典型色谱图

当色谱柱中气液两相达到平衡时，根据气相色谱的基本理论，可以推知：

$$\gamma_i = \frac{WRT_C}{Mp_S V_r'} = \frac{WRT_C}{Mp_S t_r' \overline{F}_C} \tag{9-1}$$

$$\overline{F}_C = \frac{3}{2}\left[\frac{(p_b/p_0)^2 - 1}{(p_b/p_0)^3 - 1}\right]\left(\frac{p_0 - p_w}{p_0} \times \frac{T_C}{T_a} F_C\right) \tag{9-2}$$

$$\ln V_g = \frac{1}{T}\left(\frac{\Delta H_V}{R} + \frac{\Delta H_{mix}}{R}\right) \tag{9-3}$$

式中，γ_i 为组分 i 的活度系数。其他参数分别为固定液的准确质量（W）；色谱柱温（T_C）；固定液的摩尔质量（M）；组分 i 在柱温下的饱和蒸气压（p_S）；校正保留体积（V_r'）；校正保留时间（t_r'）；柱后压力（p_0，通常是大气压）；在室温时水的饱和蒸气压（p_w）；柱前压力（p_b）；环境温度（T_a，通常为室温）；载气的柱后流速（F_C）。实验中把一定质量的溶剂作为固定液涂渍在载体上，装入色谱柱中，用被测物质作为气相进样，测得上述参数，即可按式(9-1)计算组分 i 在溶剂中的活度系数 γ_i。因加入的样品的量非常少，其作为溶质就与固定液构成了无限稀溶液，所以测得的 γ_i 即为无限稀溶液的活度系数 γ^{∞}。

式(9-3)中，V_g 为比保留体积，是 273.15K 时每克固定液的校正保留体积。V_g 与 V_r' 的关系为：$V_g = \dfrac{273.15 V_r'}{T_C W}$。$\Delta H_V$ 为样品中组分 i 的摩尔汽化热；ΔH_{mix} 为组分 i 的摩尔混

合热。如果是理想溶液，$\gamma_i=1$，$\Delta H_{mix}=0$，则式（9-3）右边第二项为零。以 $\ln V_g$-$1/T$ 作图，由直线斜率可得 ΔH_V。如果是非理想溶液，且 ΔH_V、ΔH_{mix} 随温度变化不大，这时以 $\ln V_g$-$1/T$ 作图，由直线斜率可得两个焓变之和，即为气态组分 i 在溶剂中的摩尔溶解热，由已知 ΔH_V 可求得 ΔH_{mix}。

三、仪器与试剂

仪器：气相色谱仪 1 套；微量注射器（5μL）1 个；精密压力表 1 个；皂膜流量计 1 个；氮气钢瓶 1 套；电脑 1 台；色谱工作站程序 1 套；打印机 1 台。

试剂：乙醚（A.R.）；丙酮（A.R.）；氯仿（A.R.）；环己烷（A.R.）；邻苯二甲酸二壬酯（色谱纯）；101 白色载体（80～100 目）。

四、实验步骤

1. 色谱柱的制备

实验用邻苯二甲酸二壬酯为固定液，载体采用粒度为 80～100 目的白色 101 硅烷化载体。装柱时，准确称取 3.0g 邻苯二甲酸二壬酯固定液于蒸发皿中，加适量丙酮稀释。量取体积为 30mL 左右的载体，质量约为 15g，即保证固定液含量 20% 左右（液载比）。将载体倒入蒸发皿中浸泡，在红外灯下慢慢加热，使溶剂挥发。在整个过程中切忌温度太高，以免固定液和载体的损失。

将涂好固定液的载体小心装入已洗净干燥的色谱柱中。具体做法是：将色谱柱的一端塞以少量玻璃棉，接上真空泵，用小漏斗由柱的另一端加入载体，同时不断振动柱管，填满后同样塞以少量玻璃棉，准确记录装入色谱柱内固定液的质量。

2. 检漏

打开氮气钢瓶总阀，出口压力为 0.2MPa，调节载气阀使两气路流速相同（20mL·min^{-1}），然后堵死柱的气体出口处，用肥皂水检查外部各接头处，直到不漏气为止。

3. 仪器操作

（1）打开氮气钢瓶总阀，出口压力为 0.2MPa，调节载气阀使热导池检测器 TCD 两气路流速相同（20mL·min^{-1}），并保持稳定（一定要在毛细管柱中也通 2mL·min^{-1} 的氮气）。

（2）开启电脑及色谱工作站程序和打印机，然后打开主机电源开关（必须确认气体通过热导池后才可开机，防止烧坏热导池元件）。设定进样口温度为 100℃，柱温为 60℃，TCD 检测室温度为 90℃以及各项参数（或调用已设定好的方法）。

（3）待各路温度升至设定值，机器稳定后方可进样测定。

（4）样品测定　在准备进样时应正确记录室温、室压、柱前压力（表压加室压）。然后用微量注射器取试样 1μL 左右，再吸入 5μL 左右空气，一次注入气化室。每个样品重复多次，直至两次的校正保留时间误差不超过 1%。取其平均值，数据保存至预先设定的目录下，打印输出数据。

（5）重复上述（2）～（4）操作，测定其他样品。

（6）改变柱温，每次升高 5℃，重复上面的操作，共做 4 个温度值。

（7）实验完毕，启动关机程序，待 TCD 检测室和柱温箱温度降至 50℃以下后再关闭氮气钢瓶的总阀及限压阀，然后关闭主机电源开关，色谱工作站程序及电脑、打印机的电源开关，总电源开关。

五、实验注意事项

1. 进行色谱实验时，必须按照实验规程操作。实验开始前，先通入载气，后开启电源开关。实验结束时，先关闭主机电源，待 TCD 检测室和柱温箱温度降至 50℃ 以下后，再关闭载气，以防烧坏热导池元件。

2. 使用微量注射器要谨慎，切忌把针芯拉出筒外。注入样品时，动作要迅速。

3. 固定液在实验中应防止流失，否则必须在实验后进行校正，或采用在柱前装预饱和柱等措施。

六、数据记录与处理

1. 计算各柱温下各试样在邻苯二甲酸二壬酯中的 V_g 和 γ_i。见表 9-1。

载气柱后流速 $F_C/m^3 \cdot s^{-1}$：_____，柱后压力 p_0/Pa：_____，室温时水的饱和蒸气压 p_W/Pa：_____，柱前压力 p_b/Pa：_____，环境温度 T_a（通常为室温）/K：_____，组分 i 在柱温下的饱和蒸气压 p_S/Pa：_____，固定液的准确质量 W/g：_____，固定液的摩尔质量 $M/kg \cdot mol^{-1}$：_____。

表 9-1　各柱温下各试样在邻苯二甲酸二壬酯中的 V_g 和 γ_i

柱温 $T_C/℃$	60	65	70	75
校正保留时间 t_r'/s				
饱和蒸气压 p_S/Pa				
t_r/s				
t_d/s				
γ_i				
$V_g/m^3 \cdot kg^{-1}$				
$\ln V_g$				
$(1/T)/K^{-1}$				

2. 以 $\ln V_g$-$1/T$ 作图，求各试样的 ΔH_{mix} 值。

已知 $\Delta H_V(kJ \cdot mol^{-1})$：氯仿（29.469），环己烷（30.143）。

七、思考题

1. 为什么本实验所测得的是组分 B 在无限稀溶液中的活度系数？
2. 色谱法测定无限稀溶液的活度系数，是否对一切溶液都适用？
3. 非程序的色谱图如何获得所需数据？

八、实验讨论

1. 色谱法测定无限稀溶液的活度系数时，因样品用量非常少，可假定组分在固定液中是无限稀释的，并服从亨利定律，分配系数 K 为常数。并且因色谱柱内温差较小，可认为温度恒定。

2. 样品组分在气液两相中的量极微，且扩散迅速，气相色谱中的动态平衡与真正的静态平衡十分接近，因此可假定色谱柱面任何点均达到气液平衡。

3. 可以将气相作为理想气体处理，并用固定液将载体表面覆盖，载体不吸附组分。

4. 色谱法测定无限稀溶液的活度系数仅限于那些由一高沸点组分和一低沸点组分组成的二元体系。此外，该方法只能测定无限稀释活度系数而不能测定有限浓度的活度系数。

实验十　液相反应平衡常数的测定

一、实验目的

1. 掌握分光光度计的测试原理和使用方法。
2. 掌握酸度计的原理和使用方法。
3. 掌握分光光度法测定弱电解质解离平衡常数的方法。

二、实验原理

分光光度法在化学领域中有着广泛的应用和迅速的发展，也是物理化学研究中的重要方法之一。本实验用分光光度法测定弱电解质（甲基红）的解离平衡常数。

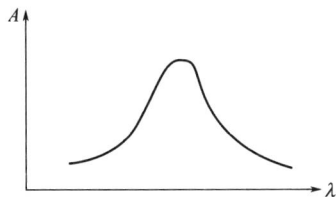

图 10-1　分光光度曲线

在分光光度分析中，将各波长的单色光依次通过某一溶液，测定溶液对每一种单色光的吸光度，以吸光度 A 对波长 λ 作图，就可以得到该物质的分光光度曲线，或称为吸收光谱曲线，如图 10-1 所示。由图 10-1 可以看出，待测溶液对应于某一波长有一个最大的吸收峰，用这一波长的入射光通过该溶液就有最佳的灵敏度。

溶液对于单色光的吸收，遵守 Lambert-Beer 定律：

$$A = \lg \frac{I_0}{I} = \varepsilon dc \tag{10-1}$$

式中，A 为吸光度；I/I_0 为透光率；ε 为摩尔吸光系数，是溶液的特性常数；d 为被测溶液的厚度；c 为溶液浓度。由 Lambert-Beer 定律可知，对于固定长度的吸收槽，在对应最大吸收峰的波长（λ）下测定不同浓度 c 的吸光度 A，就可作出 A-c 的直线关系，这就是分光光度法定量分析的基础。

甲基红是弱电解质，在有机溶剂中形成如下解离平衡：

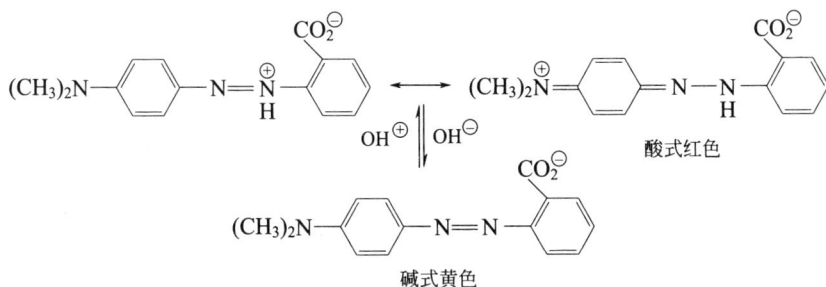

酸式红色

碱式黄色

甲基红的解离平衡常数可简写为:

$$K = \frac{[H^+][c^B]}{[c^A]} \tag{10-2}$$

或

$$pK = pH - \lg \frac{[c^B]}{[c^A]} \tag{10-3}$$

式中,c^B 为平衡时甲基红的碱式红色组分 B 的浓度;c^A 为酸式黄色组分 A 的浓度。由上式可知,只要测定溶液中组分 B 与 A 的浓度以及溶液的 pH 值,即可求得甲基红的解离平衡常数。

由于甲基红本身带有颜色,而且在有机溶剂中解离度很小,所以用一般的化学分析法或其他物理化学方法分别测定这两组分的浓度都有困难,但用分光光度法可不必将其分离,同时测定两组分的浓度。

组分 B 与 A 在可见光谱范围内都有强的吸收峰。溶液离子强度的变化对甲基红的解离平衡常数没有显著的影响,而且在简单的 CH_3COOH-CH_3COONa 缓冲体系中就能很容易在 pH=4~6 范围内改变颜色,因此碱式 B 与酸式 A 的浓度可通过分光光度法测定而求得。

实验中,先找出两种组分单独存在时吸收曲线的最大吸收峰波长 λ_1、λ_2。因为甲基红的这两种组分在有机溶液中的吸收曲线有所重合,故可在两波长 λ_1 及 λ_2 处分别测定平衡混合溶液的总吸光度,然后换算成被测定物质的浓度。当吸收槽的长度一定时,换算公式如下:

$$c^B = \frac{A_{\lambda_1}^{A+B} - K_{\lambda_1}^A c^A}{K_{\lambda_1}^B} \tag{10-4}$$

$$c^A = \frac{\varepsilon_{\lambda_1}^B A_{\lambda_2}^{A+B} - \varepsilon_{\lambda_2}^B A_{\lambda_1}^{A+B}}{\varepsilon_{\lambda_2}^A \varepsilon_{\lambda_1}^B - \varepsilon_{\lambda_2}^B \varepsilon_{\lambda_1}^A} \tag{10-5}$$

式中,$A_{\lambda_1}^{A+B}$、$A_{\lambda_2}^{A+B}$ 是混合溶液在 λ_1、λ_2 时测得的总吸光度。

式中的摩尔吸光系数 $\varepsilon_{\lambda_1}^A$、$\varepsilon_{\lambda_2}^A$、$\varepsilon_{\lambda_1}^B$、$\varepsilon_{\lambda 2}^B$ 均可由纯物质求得,在纯物质的最大吸收峰波长 λ 时,测定吸光度 A 和浓度 c 的关系。如果在该波长处符合 Lambert-Beer 定律,那么 A-c 为直线,直线的斜率为相应的摩尔吸光系数值。根据式(10-4)、式(10-5) 两式即可计算混合溶液中组分 A 和组分 B 的浓度,进而求出甲基红的解离平衡常数。

三、仪器与试剂

仪器:紫外-可见分光光度计 1 台;酸度计 1 台;容量瓶(100mL) 7 个;量筒(100mL) 1 个;烧杯(100mL) 4 个;移液管(25mL,胖肚) 2 支;移液管(10mL,刻度) 2 支;洗耳球 1 个。

试剂:乙醇(95%,化学纯);盐酸(0.1mol·dm^{-3},0.01mol·dm^{-3});醋酸钠(0.01mol·dm^{-3},0.04mol·dm^{-3});醋酸(0.02mol·dm^{-3});甲基红(固体)。

四、实验步骤

1. 溶液制备

(1)甲基红溶液。将 1g 甲基红晶体加 300mL 95% 酒精,用蒸馏水稀释到 500mL(已配制，公用）。

（2）标准溶液。取 10mL 上述配好的溶液加 50mL 95％酒精，用蒸馏水稀释到 100mL。

（3）溶液 A。将 10mL 标准溶液加 10mL 0.1mol·dm^{-3} HCl，用蒸馏水稀释至 100mL。

（4）溶液 B。将 10mL 标准溶液加 25mL 0.04mol·dm^{-3} NaAc，用蒸馏水稀释至 100mL。

溶液 A 的 pH 约为 2，甲基红以酸式存在。溶液 B 的 pH 约为 8，甲基红以碱式存在。把溶液 A、溶液 B 和空白溶液（蒸馏水）分别放入三个洁净的比色皿内，测定吸收光谱曲线。

2. 测定吸收光谱曲线

（1）用分光光度计测定溶液 A 和溶液 B 的吸收光谱曲线求出最大吸收峰的波长。波长从 360nm 开始，每隔 20nm 测定一次（每改变一次波长都要先用空白溶液校正），直至 620nm 为止。由所得的吸光度 A 与 λ 绘制 A-λ 曲线，从而求得溶液 A 和溶液 B 的最大吸收峰波长 λ_1 和 λ_2。

（2）求摩尔吸光系数 $\varepsilon_{\lambda_1}^{A}$、$\varepsilon_{\lambda_2}^{A}$、$\varepsilon_{\lambda_1}^{B}$、$\varepsilon_{\lambda_2}^{B}$。将 A 溶液用 0.01mol·dm^{-3} HCl 分别稀释至开始浓度的 0.8 倍（取 20mL A 溶液用 0.01mol·dm^{-3} HCl 稀释至 25mL），0.5 倍（取 12.5mL A 溶液用 0.01mol·dm^{-3} HCl 稀释至 25mL），0.3 倍（取 7.5mL A 溶液用 0.01mol·dm^{-3} HCl 稀释至 25mL）。

将 B 溶液用 0.01mol·dm^{-3} NaAc 分别稀释至开始浓度的 0.8 倍（取 20mL B 溶液用 0.01mol·dm^{-3} NaAc 稀释至 25mL），0.5 倍（取 12.5mL B 溶液用 0.01mol·dm^{-3} NaAc 稀释至 25mL），0.3 倍（取 7.5mL B 溶液用 0.01mol·dm^{-3} NaAc 稀释至 25mL）。

在溶液 A、溶液 B 的最大吸收峰波长 λ_1 和 λ_2 处分别测定上述相对浓度为 0.3、0.5、0.8、1.0 的各溶液的吸光度。如果在 λ_1、λ_2 处上述溶液符合 Lambert-Beer 定律，则可得到四条 A-c 直线，由此可求出 $\varepsilon_{\lambda_1}^{A}$、$\varepsilon_{\lambda_2}^{A}$、$\varepsilon_{\lambda_1}^{B}$、$\varepsilon_{\lambda_2}^{B}$。

3. 测定混合溶液的总吸光度及其 pH 值

（1）配制四个混合溶液　　10mL 标准液＋25mL 0.04mol·dm^{-3} NaAc＋50mL 0.02mol·dm^{-3} HAc 加蒸馏水稀释至 100mL；

10mL 标准液＋25mL 0.04mol·dm^{-3} NaAc＋25mL 0.02mol·dm^{-3} HAc 加蒸馏水稀释至 100mL；

10mL 标准液＋25mL 0.04mol·dm^{-3} NaAc＋10mL 0.02mol·dm^{-3} HAc 加蒸馏水稀释至 100mL；

10mL 标准液＋25mL 0.04mol·dm^{-3} NaAc＋5mL 0.02mol·dm^{-3} HAc 加蒸馏水稀释至 100mL。

（2）在波长 λ_1、λ_2 处分别测定上述四个溶液的总吸光度。

（3）用酸度计分别测定上述四个混合溶液的 pH 值。

五、实验注意事项

1. 使用分光光度计时，为了延长光电管的寿命，在不进行测定时，应将暗室盖子打开。仪器连续使用时间不应超过 2h，如使用时间长，则中途需间歇 0.5h 再使用。

2. 比色皿经过校正后，不能随意与另一套比色皿个别地交换，需经过校正后才能更换，否则将引入误差。

3. pH 计应在接通电源 20～30min 后进行测定。

4. 本实验酸度计使用的复合电极，在实验前需在 $3mol \cdot dm^{-3}$ KCl 溶液中浸泡一昼夜。复合电极的玻璃膜很薄，容易破碎，切不可与任何硬物相碰。

六、数据记录与处理

1. 作出溶液 A、溶液 B 的吸收光谱曲线，并由曲线上求出最大吸收峰的波长 λ_1、λ_2。

2. 将在 λ_1、λ_2 处分别测得的溶液 A、溶液 B 吸光度与浓度作图，得四条 A-c 直线，求出四个摩尔吸光系数 $\varepsilon_{\lambda_1}^A$、$\varepsilon_{\lambda_2}^A$、$\varepsilon_{\lambda_1}^B$、$\varepsilon_{\lambda_2}^B$。

3. 由各混合溶液的总吸光度，求出各混合溶液中 A、B 的浓度。

4. 求出各混合溶液中甲基红的解离平衡常数。

七、思考题

1. 制备溶液时，所用的 HCl、HAc、NaAc 溶液各起什么作用？

2. 用分光光度法进行测定时，为什么要用空白溶液校正零点？理论上应该用什么溶液校正？在本实验中用的什么？为什么？

八、实验讨论

1. 分光光度法和分析中的比色法相比较有一系列优点，首先它的应用不局限于可见光区，可以扩大到紫外和红外区，所以对没有颜色的物质也可以应用。此外，也可以在同一样品中对两种以上的物质（不需要预先进行分离）同时进行测定。

2. 分光光度法可以用于测定平衡常数以及研究化学动力学中的反应速率和机理等。由于吸收光谱实际上是取决于物质的内部结构和相互作用，因此对吸收光谱的研究有助于了解溶液中的分子结构及溶液中发生的各种相互作用（如配位、解离、氢键等性质）。

实验十一　凝固点降低法测定摩尔质量

一、实验目的

1. 用凝固点降低法测定萘的摩尔质量。

2. 掌握凝固点的测定技术。

3. 掌握凝固点实验装置的使用方法。

二、实验原理

当稀溶液凝固析出纯固体溶剂时，其凝固点低于纯溶剂的凝固点，降低的值与溶液的质量摩尔浓度成正比。即

$$\Delta T_f = T_f^* - T_f = K_f b_B \tag{11-1}$$

式中，T_f^* 为纯溶剂的凝固点，K；T_f 为溶液的凝固点，K；b_B 为溶液中溶质 B 的质量摩尔浓度，$mol \cdot kg^{-1}$；K_f 为溶剂的质量摩尔凝固点降低常数，$K \cdot kg \cdot mol^{-1}$，它的数值仅与溶剂的性质有关。表 11-1 给出了部分溶剂的凝固点降低常数值。

表 11-1　几种溶剂的凝固点降低常数值

溶　剂	水	醋酸	苯	环己烷	环己醇	萘	三溴甲烷
T_f^*/K	273.15	289.75	278.65	279.65	297.05	383.5	280.95
$K_f/K \cdot kg \cdot mol^{-1}$	1.86	3.90	5.12	20	39.3	6.9	14.4

如果已知溶剂的质量摩尔凝固点降低常数 K_f 的值，并测得此溶液的凝固点降低值 ΔT_f，以及溶剂和溶质的 $m_A(g)$ 和 $m_B(g)$，则溶质 B 的摩尔质量由下式求得：

$$M_B = K_f \frac{m_B}{\Delta T_f m_A} \times 10^3 \tag{11-2}$$

纯溶剂的凝固点是其液-固共存的平衡温度。将纯溶剂逐步冷却时，在未凝固前温度将随时间均匀下降，开始凝固后因放出凝固热而补偿了热损失，体系将保持液-固两相共存的平衡温度不变，直到全部凝固，再继续均匀下降（见图 11-1 曲线 a 所示）。但在实际过程中经常发生过冷现象（见图 11-1 曲线 b 所示）。

溶液的凝固点是溶液与溶剂的固相共存时的平衡温度，其冷却曲线与纯溶剂不同。当有溶剂凝固析出时，剩下溶液的浓

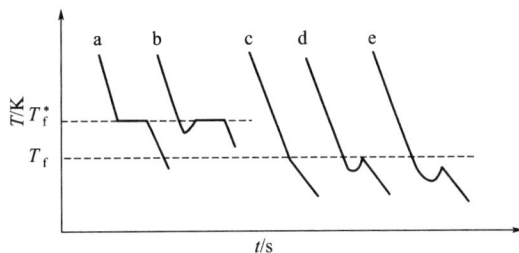

图 11-1　溶剂与溶液的冷却曲线

度逐渐增大，因而溶液的凝固点也逐渐下降，因有凝固热放出，冷却曲线显示为一条折线，折点即是凝固点（见图 11-1 曲线 c）。如果溶液的过冷程度不大，析出固体溶剂的量对溶液浓度影响不大，则以过冷回升的温度作凝固点（见图 11-1 曲线 d）。如果过冷太甚，凝固的溶剂过多，溶液的浓度变化过大，则出现图 11-1 曲线 e 的情况，这样就会使凝固点的测定结果偏低，会影响摩尔质量的测定，因此在测定过程中必须设法控制过冷程度，一般可通过控制冰水浴的温度、搅拌速度等方法实现。

由于稀溶液凝固点降低值不大，所以温度的测量需用较精密的仪器，本实验使用凝固点实验装置，通过测定过冷回升后的稳定温度作为纯溶剂的凝固点，过冷回升后的最高温度作为溶液的凝固点。

三、仪器与试剂

仪器：凝固点测定仪 1 套；SWC-LGA 凝固点实验装置 1 台；压片机 1 台；移液管（25mL）1 只；电子天平 1 台（0.0001g）。

试剂：环己烷（A.R.）；萘（A.R.）。

四、实验步骤

1. 实验准备工作

熟悉 SWC-LGA 凝固点实验装置的使用方法。

2. 安装实验装置

按图 11-2 所示连接实验装置。注意凝固点管、小搅拌棒和样品温度计的测温探头都必须清洁、干燥。小搅拌棒能顺利上下搅动，不与样品温度计的测温探头和管壁接触摩擦。

3. 调节冰水浴的温度

在玻璃槽中装入约三分之一的水，然后加入适量碎冰，使冰水浴的温度控制在 3.5℃ 左右。实验时应经常搅拌冰水浴并间断地补充少量的碎冰，使冰水浴的温度基本保持不变。

4. 环己烷凝固点的测定

准确移取 25.00mL 分析纯环己烷，注入已洗净干燥的凝固点管中。首先测近似凝固点，将凝固点管直接浸入冰水浴中，冰水浴高度要超过凝固点管中环己烷的液面，将样品温

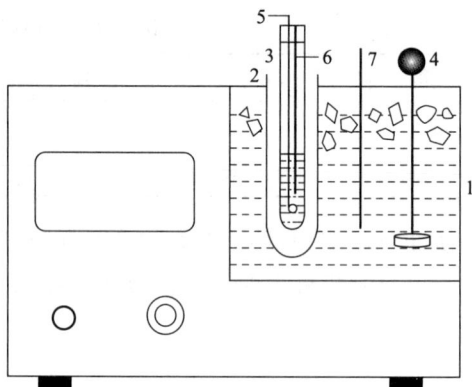

图 11-2　实验装置
1—玻璃槽；2—玻璃套管；3—凝固点管；
4—大搅拌棒；5—小搅拌棒；6—样品温
度计；7—冰水浴温度计

度计的测温探头插入凝固点管中，测温探头应位于环己烷的中间位置，平稳搅拌使之冷却，当开始有晶体析出时，放入外套管中继续缓慢搅拌，待样品温度计的示值变化不大时，此时的温度就是环己烷的近似凝固点。

取出凝固点管，用手微热，使结晶完全熔化（不要加热太快、太高）。然后将凝固点管放入冰水浴中，均匀搅拌。当温度降到比近似凝固点高 0.5℃ 时，迅速将凝固点管从冰水浴中拿出，擦干，放入外套管中继续冷却到比近似凝固点低 0.2~0.3℃，开始轻轻搅拌，此时过冷液体因结晶放热而使温度回升，此稳定的最高温度即为纯环己烷的凝固点。使结晶熔化，重复操作，直到取得三个偏差不超过 ±0.005℃ 的数据为止。

5. 溶液凝固点的测定

用分析天平称量压成片状的萘 0.10~0.12g，小心地从凝固点支管加入凝固点管中，搅拌使之全部溶解。同上法先测定溶液的近似凝固点，再准确测量精确凝固点，注意最高点出现的时间很短，需仔细观察。测定过程中过冷不得超过 0.2℃，偏差不得超过 0.005℃。

五、实验注意事项

1. 测温探头擦干后再插入凝固点管。不使用时注意妥善保护测温探头。

2. 加入固体样品时要小心，勿沾在壁上或撒在外面，以保证质量的准确。

3. 熔化样品和溶解溶质时切勿升温过高，以防超出凝固点实验装置的量程。

六、数据记录与处理

1. 用 $\rho_t/\text{g·cm}^{-3} = 0.7971 - 0.8879 \times 10^{-3} t/℃$ 计算室温 t 时环己烷密度，然后算出所

取得的环己烷质量 m_A。

2. 将实验数据列入表 11-2 中。

室温_____ ；大气压_____。

表 11-2 实验数据

物 质	质量或体积	凝 固 点		凝固点降低值
		测量值	平均值	
环己烷		1		
		2		
		3		
萘		1		
		2		
		3		

3. 由测得的纯溶剂凝固点 T_f^*、溶液凝固点 T_f 计算萘的分子量，并判断萘在环己烷中的存在形式。

七、思考题

1. 为什么要先测近似凝固点？

2. 根据什么原则考虑加入溶质的量？太多或太少影响如何？

3. 应用凝固点降低法测定摩尔质量，在选择溶剂时应考虑哪些问题？

4. 在冷却过程中，凝固点管内的液体有哪些热交换？它们对凝固点的测定有何影响？

八、实验讨论

1. 溶液在冷却过程中，当温度达到或稍低于其凝固点时，由于新相形成需要一定的能量，晶体并不析出，这就是过冷现象。测定溶液凝固点时，如果溶液的过冷程度太甚，凝固的溶剂过多，溶液的浓度变化过大，就会使凝固点的测定结果偏低，会影响摩尔质量的测定。因此，实验中必须控制体系的过冷程度。要求过冷程度不得超过 0.2℃，而且每次过冷程度要一致。

2. 稀溶液凝固点降低公式中的浓度，是溶质的平衡浓度，真正的平衡浓度又难以直接测定，由于实验总是用稀溶液，并控制条件使其晶体析出量很少，所以，以起始浓度代替平衡浓度，对测定结果不会产生显著影响。

3. 本实验的误差主要来源于 ΔT_f 的测量，若溶质加入太少，ΔT_f 测量误差大，若溶质加入太多，ΔT_f 测量误差小，但溶液不是稀溶液，上面公式不能用。因此，加入溶质要适当，一般使凝固点下降 0.5℃ 为宜。

4. 若溶质在溶液中有解离、缔合和生成配合物的情况时，对摩尔质量的测量值有影响。

当溶质解离时，浓度 b 偏大，测出的摩尔质量偏小，发生负偏差；当溶质有缔合和生成配合物时，b 偏小，测出的摩尔质量偏大，发生正偏差。

实验十二　电导法测定醋酸的解离平衡常数

一、实验目的

1. 了解溶液的电导、电导率和摩尔电导率的概念。
2. 掌握电导法测定醋酸的解离平衡常数的方法。

二、实验原理

醋酸是弱电解质，在溶液中达到解离平衡时，其解离平衡常数 K 与溶液的浓度 c 及解离度 α 有以下关系：

$$K = \frac{\alpha^2}{1-\alpha} \times \frac{c}{c^{\ominus}} \qquad (12\text{-}1)$$

式中，浓度 c 的量纲为 $mol \cdot dm^{-3}$，$c^{\ominus}$ 为 $1mol \cdot dm^{-3}$。在一定温度下 K 是常数，在稀溶液范围内，醋酸在浓度为 c 时的解离度 α 与其摩尔电导率 Λ_m 间的关系如下：

$$\alpha = \frac{\Lambda_m}{\Lambda_m^{\infty}} \qquad (12\text{-}2)$$

式中，Λ_m^{∞} 指醋酸在无限稀释时的摩尔电导率。25℃时，醋酸的 Λ_m^{∞} 为 $0.03906 S \cdot m^2 \cdot mol^{-1}$。将式 (12-2) 代入式 (12-1) 得：

$$K = \frac{\Lambda_m^2}{\Lambda_m^{\infty}(\Lambda_m^{\infty} - \Lambda_m)} \times \frac{c}{c^{\ominus}} \qquad (12\text{-}3)$$

由式 (12-3) 可知，只要知道醋酸在浓度为 c 时摩尔电导率 Λ_m，便可计算出解离平衡常数 K。已知醋酸的摩尔电导率 Λ_m 与其浓度和电导率 κ 之间的关系为：

$$\Lambda_m = \frac{\kappa_{H\Lambda c}}{c} \qquad (12\text{-}4)$$

式中，浓度 c 的量纲为 $mol \cdot m^{-3}$，又已知醋酸的电导率 $\kappa_{HAc} = \kappa_{HAc(aq)} - \kappa_{H_2O}$，因此，只要测定醋酸水溶液和纯水的电导率，即可求出醋酸的电导率，并由式 (12-4) 计算出醋酸的摩尔电导率 Λ_m，由式 (12-3) 可计算出醋酸的解离平衡常数 K。本实验用 DDS-11A 型电导率仪测定醋酸水溶液和纯水的电导率。

三、仪器与试剂

仪器：DDS-11A 型电导率仪 1 台；铂黑电极 1 支；恒温槽 1 台；移液管（50mL）；容量瓶（100mL）；烧杯等。

试剂：$0.1200 mol \cdot dm^{-3}$ HAc 溶液。

四、实验步骤

1. 由 $0.1200 mol \cdot dm^{-3}$ HAc 溶液准确地配制 $0.0600 mol \cdot dm^{-3}$、$0.0300 mol \cdot dm^{-3}$ 及

0.0150mol·dm^{-3} HAc溶液各100mL。

2. 接通玻璃恒温槽及数字温度控制器的电源，开始搅拌，控温25.0℃±0.1℃。

3. 接通DDS-11A型电导率仪的电源，使其预热10min；并检查其电极连接是否正常，实验中禁止触动电极与电导率仪之间的接口。注意：（1）仪器上所读出的电导率的单位应为"μS·cm^{-1}"或"mS·cm^{-1}"，但仪器面板上所标示的单位只是"μS"和"mS"；（2）仪器面板上的数字表示该测量挡位的理论最大量程。

4. 将电导率仪的"温度补偿"旋钮旋转到25℃，再将电导率仪的"功能旋钮"旋到校正挡，旋转"常数校正"旋钮使仪器显示的数值（不计小数点）与所用电极上标示的电导池常数一致。仪器校正完毕，再将电导率仪的"功能旋钮"旋到测量挡。

5. 测定纯水的电导率κ_{H_2O}。用少量纯水细心洗涤电导池和铂黑电极，重复润洗3次。将纯水倒入电导池中，使液面超过电极1~2cm，将电导池放入已调节好温度的恒温槽中恒温5min，测其电导率，每隔20s记录一个数据，连续记录三个值，取其平均值作为水的电导率值。读取电导率数值前需要选择测量的挡位，以获得最佳结果。

6. 测定醋酸溶液的电导率κ_{HAc}。测量时依浓度由小到大的顺序进行，严格注意洗涤和恒温，测定方法和要求同上。

7. 重复5、6步骤，测定20℃时纯水和醋酸的电导率。

五、实验注意事项

1. 实验中样品溶液的配制非常关键，一定要先洗净容量瓶，使溶液浓度配制准确，否则会影响实验的测定结果。

2. 温度对电导影响显著，所以测定时务必保持水浴温度恒定。

3. 每次洗涤铂电极时，务必小心，切不可损伤铂黑，而使之脱落。待用的电极一律要架在专用的电极支架上，以免损坏。

4. 测定按照浓度由小到大的顺序。

5. 仪器在使用前要预热、校正，并进行温度补偿。

6. 数据处理时，注意式(12-4)和式(12-3)中浓度c的量纲。

六、数据记录与处理

1. 数据记录见表12-1。

室温_____；大气压_____；溶液温度_____；K_{cell}_____；

κ_{H_2O}_____。

表 12-1　数据记录

c_{HAc}/mol·dm^{-3}	0.0150	0.0300	0.0600	0.1200
$\kappa_{HAc(aq)}$/S·m^{-1}				
κ_{HAc}/S·m^{-1}				
Λ_m/S·m^2·mol^{-1}				
α				
K_c				
$K_{c(平均)}$				

2. 数据处理。

七、思考题

1. 为什么要测电导池常数? 如何得到该常数?
2. 测电导时为什么要恒温? 实验中测电导池常数和溶液电导时, 温度是否要一致?
3. 实验中为何用铂黑电极? 使用时注意事项有哪些?

八、实验讨论

1. 温度升高 1℃电导平均增加 1.9%, 即:

$$G_t = G_{25℃}\left[1 + \frac{1.3}{100}(t/℃ - 25)\right]$$

2. 普通蒸馏水中常溶有 CO_2 和氨等杂质, 故存在一定电导。因此实验所测溶液的电导率是欲测电解质和水的电导率的总和。因此作电导实验时需纯度较高的水, 称为电导水。其制备方法, 通常是在蒸馏水中加入少许高锰酸钾, 用石英或硬质玻璃蒸馏器再蒸馏一次。

3. 铂电极镀铂黑的目的在于减少极化现象, 且增加电极表面积, 使测定电导时有较高灵敏度。铂黑电极不用时, 应保存在蒸馏水中, 不可使之干燥。

九、仪器使用说明

DDS-11A 型电导率仪的外形结构见图 12-1。

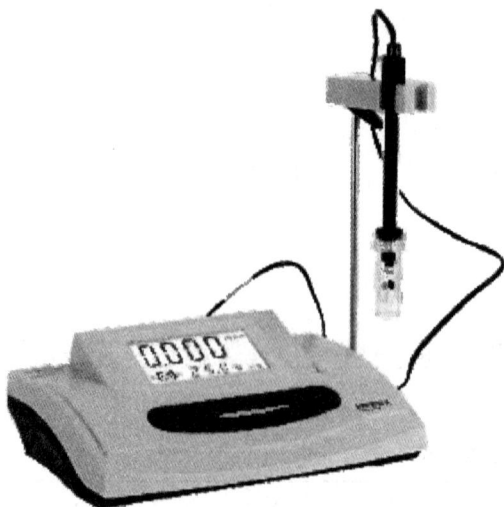

图 12-1　DDS-11A 型电导率仪

电导池常数测定方法如下。

1. 电导率标准溶液配制。准确称取 0.7440g 标准物质 KCl 溶于蒸馏水中, 定容至 1000mL。此溶液即为 0.010mol·dm^{-3} KCl 标准溶液, 其电导率为 0.001413S·cm^{-1}(25℃)。

2. 清洗、清洁待测电极, 并接入仪器, 插入标准溶液中。

3. 将"温度补偿"钮置于 25℃刻度线。"功能"转换开关置"校正"挡, 调节"常数校正"钮, 使仪器显示 100.0。而后将"功能"转换开关扳至"测量"挡, 读出仪器读数 $D_表$。计算:

$$K_{\text{cell(待测)}} = \frac{\kappa_标}{D_表}$$

式中, $K_{\text{cell(待测)}}$ 表示待测电极的电导池常数, cm^{-1}; $\kappa_标$ 表示标准溶液电导率, 即 0.001413S·cm^{-1}; $D_表$ 表示仪器显示读数, μS 或 mS, 由仪器所用量程决定。

实验十三　原电池电动势的测定

一、实验目的
1. 掌握对消法测定电池电动势的原理及电位差计的使用方法。
2. 学会几种电极的制备和处理方法。
3. 通过电池和电极电势的测定，加深理解可逆电池电动势和可逆电极电势的概念。

二、实验原理
原电池是将化学能转变为电能的装置，它由两个"半电池"组成，每个半电池中有一个电极和相应的电解质溶液。电池的电动势为组成该电池的右侧半电池的电极电势与左侧半电池的电极电势的差值。常用盐桥来降低液接电势。

测量电池的电动势要在接近热力学可逆的条件下进行，即电池中无电流通过，故不能用伏特计直接测量。因为在测量过程中有电流通过伏特计，处于非平衡态，故用对消法可达到测量原电池电动势的目的，其工作原理如图 13-1 所示。

当选择开关 K 接通 E_S 时，调节滑动变阻器 AB，当滑动到 C_S 时，检流计 G 指针为零，此时在 $\overline{AC_S}$ 上产生的电位降正好与 E_S 相对消，$E_S=k\,\overline{AC_S}$（k 为比例常数），即校正好工作电流；再令开关 K 接通 E_X，滑动 C 至 C_X 使检流计 $i=0$，则 $\overline{AC_X}$ 上产生的电位降正好与 E_X 相对消，$E_X=k\,\overline{AC_X}$，故 $E_X=\dfrac{\overline{AC_X}}{\overline{AC_X}}E_S$。由于在使用过程中，工作电池的电压不断放电而在改变，所以要求每次测定前，均需要用标准电池进行校正。

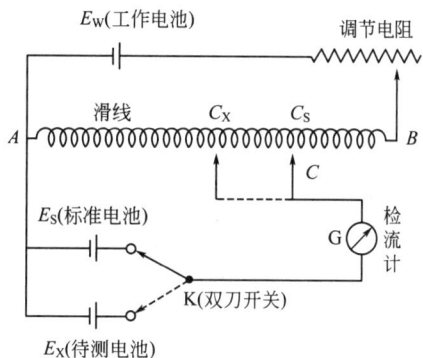

图 13-1　对消法测电动势的原理示意图

三、仪器与试剂
仪器：EM-3C 型数字式电子电位差计 1 台；饱和甘汞电极、锌电极和铂电极各 1 支；铜电极和银电极各 2 支；电极管 4 个；烧杯（250mL）1 个；洗耳球 1 个；铁夹 2 个。

试剂：$0.1000\text{mol}\cdot\text{dm}^{-3}$ $ZnSO_4$ 溶液；$0.1000\text{mol}\cdot\text{dm}^{-3}$ $CuSO_4$ 溶液；$0.0100\text{mol}\cdot\text{dm}^{-3}$ $CuSO_4$ 溶液；饱和 KCl 溶液；饱和 NH_4NO_3 溶液；5% K_2CrO_4 溶液；$3\text{mol}\cdot\text{dm}^{-3}$ HNO_3 溶液；$6\text{mol}\cdot\text{dm}^{-3}$ HNO_3 溶液；$0.1\text{mol}\cdot\text{dm}^{-3}$ HCl 溶液；$0.0200\text{mol}\cdot\text{dm}^{-3}$ KCl 溶液；$0.0200\text{mol}\cdot\text{dm}^{-3}$ $AgNO_3$ 溶液。

四、实验步骤
1. 电极的制备
（1）锌电极的制备　将锌电极用砂纸磨光，除掉氧化层，用蒸馏水冲洗。把处理好的锌电极插入清洁的电极管内并塞紧，将电极管的虹吸管管口插入盛有 $0.1000mol \cdot dm^{-3}$ $ZnSO_4$ 溶液的小烧杯中，用洗耳球自支管抽气洗涤两次后，再将溶液吸入电极管至淹没锌电极时停止抽气，旋紧活夹，电极的虹吸管（包括管口）不可有气泡，也不能有漏液现象。

（2）铜电极的制备　将铜电极浸入 $3mol \cdot dm^{-3}$ HNO_3 溶液中，并使金属面互相搓擦 2min，取出后冲洗干净，用蒸馏水淋洗后插入清洁的电极管内并塞紧，同上法装入 $0.1000mol \cdot dm^{-3}$ 及 $0.0100mol \cdot dm^{-3}$ 的 $CuSO_4$ 溶液中。

（3）Ag-AgCl 电极的制备　在 $3mol \cdot dm^{-3}$ HNO_3 溶液中浸洗 2min 后，以蒸馏水冲洗后放入 $0.1mol \cdot dm^{-3}$ HCl 溶液中，以 Ag 电极为正极，铂电极（预先经 K_2CrO_4 溶液浸洗处理）为负极在 0.5mA 电流下电解 1h 左右，用蒸馏水淋洗后，同上法装入 $0.0200mol \cdot dm^{-3}$ KCl 溶液中。

（4）参比电极的预处理　参比电极采用现成的商品，铂电极使用前用 5‰ K_2CrO_4 溶液浸泡，用蒸馏水淋洗干净。饱和甘汞电极使用前用蒸馏水淋洗干净。饱和甘汞电极是实验室常用的参比电极，它是这样一种体系：

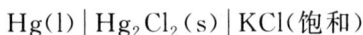

$$Hg(l) \mid Hg_2Cl_2(s) \mid KCl(饱和)$$

电极反应为：

$$2Hg(l) + 2Cl^- \Longrightarrow Hg_2Cl_2(s) + 2e^-$$

2. 电池组合

将饱和 KCl 溶液约 30mL 注入 50mL 的小烧杯中制成盐桥，再将上面制得的锌电极和铜电极如图 13-2 组成电池，即成 Cu-Zn 原电池。

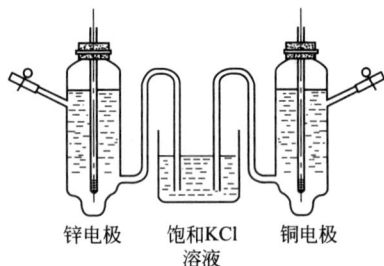

锌电极　饱和KCl溶液　铜电极

图 13-2　Cu-Zn 原电池装置图

（1）$Zn \mid ZnSO_4(0.1000mol \cdot dm^{-3}) \parallel CuSO_4$
$(0.1000mol \cdot dm^{-3}) \mid Cu$

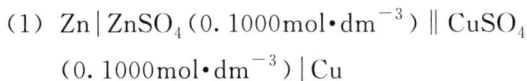

将此电池连接在数字式电子电位差计的测量线路中，待测电池的负极应与电位差计的负极相连。每隔 3min 测量一次，每测一次后，应将闸刀开向标准电池，检查工作电流是否正常，否则应及时调整，当三个连续测量误差小于 0.5mV 时即可认为电动势稳定，取平均值作为它的电动势（以下同）。

同法组成下列电池：（2）$Cu \mid CuSO_4(0.0100mol \cdot dm^{-3}) \parallel CuSO_4(0.1000mol \cdot dm^{-3}) \mid Cu$

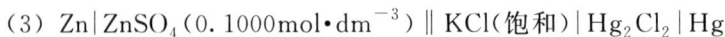

（3）$Zn \mid ZnSO_4(0.1000mol \cdot dm^{-3}) \parallel KCl(饱和) \mid Hg_2Cl_2 \mid Hg$

（4）$Hg \mid Hg_2Cl_2 \mid KCl(饱和) \parallel CuSO_4(0.1000mol \cdot dm^{-3}) \mid Cu$

（5）$Hg \mid Hg_2Cl_2 \mid KCl(饱和) \parallel AgNO_3(0.0200mol \cdot dm^{-3}) \mid Ag$

（6）$Ag \mid AgCl \mid KCl(0.0200mol \cdot dm^{-3}) \parallel AgNO_3(0.0200mol \cdot dm^{-3}) \mid Ag$

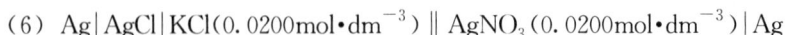

注：（5），（6）用饱和 NH_4NO_3 溶液作盐桥，为什么？

五、实验注意事项

1. 电极管和小烧杯必须清洗干净，实验前先检查电极管是否漏气，所用电极也应用该溶液淋洗或洗净后用滤纸轻轻吸干，以免改变溶液浓度。

2. 制作半电池以及将半电池插入盐桥时，注意不要进入气泡，也不能有漏液现象。

3. 连接线路时，切勿接反正、负极。

六、数据记录与处理

1. 数据记录

将原电池电动势测定数据填入表 13-1 中。

表 13-1　数据记录

电池号	$E_{测定值}$/V			$E_{平均值}$/V	误差/%
	1	2	3		
（1）					
（2）					
（3）					
（4）					
（5）					
（6）					

2. 数据处理

（1）根据饱和甘汞电极的电极电势温度校正公式，计算实验温度下的电极电势：

$$E_{SCE}/V = 0.2415 - 7.61 \times 10^{-4}(T/K - 298)$$

（2）根据测定的各电池的电动势，分别计算铜、锌电极的电极电势？

（3）根据下列公式计算 Cu-Zn 原电池的理论电动势 $E_{理}$，并与实验值 $E_{实}$ 进行比较。
不同温度下，铜、锌电极的标准电极电势随温度的校正公式为：

$$E_{Cu}^{\ominus}/V = 0.337 - 0.08 \times 10^{-4}(T/K - 298)$$

$$E_{Zn}^{\ominus}/V = -0.7628 - 0.91 \times 10^{-4}(T/K - 298)$$

铜、锌电极的电极电势的 Nernst 公式为：

$$E_{Cu} = E_{Cu}^{\ominus} - \frac{RT}{2F} \ln \frac{1}{\gamma_{Cu^{2+}} \dfrac{c_{Cu^{2+}}}{c^{\ominus}}}$$

$$E_{Zn} = E_{Zn}^{\ominus} - \frac{RT}{2F} \ln \frac{1}{\gamma_{Zn^{2+}} \dfrac{c_{Zn^{2+}}}{c^{\ominus}}}$$

$0.10 mol \cdot dm^{-3}$ 的 $CuSO_4$、$ZnSO_4$ 溶液的离子强度 $I = 0.40 mol \cdot dm^{-3}$，根据离子活度系数 γ_i 的德拜-休克尔公式：

$$-\lg \gamma_i = 0.51 z_i^2 \left(\frac{\sqrt{I}}{1 + Ba\sqrt{I}} \right)$$

式中，z_i 为 i 离子的电荷数；B 是常数，25℃时为 0.00328；a 为离子体积参数，二价的铜离子、锌离子皆为 600（参见武汉大学编《分析化学》第六版 P111、P394）。

由上式计算得到，$I = 0.40 mol \cdot dm^{-3}$ 的 $CuSO_4$、$ZnSO_4$ 溶液的 $\gamma_{Cu^{2+}} = \gamma_{Zn^{2+}} = 0.2662$。同理可得 $0.010 mol \cdot dm^{-3}$ 的 $CuSO_4$ 溶液的 $\gamma_{Cu^{2+}} = 0.5096$。

（4）对电池（5），计算电极 $Ag|AgNO_3$（$0.0200 mol \cdot dm^{-3}$）的电极电位并与理论计算值比较，已知 25℃时（$0.0200 mol \cdot dm^{-3}$）$AgNO_3$ 的 $\gamma_{\pm} = 0.86$。

七、思考题

1. 用对消法测定电池电动势的装置中，电位差计、工作电源、标准电池及检流计各起什么作用？

2. 盐桥在本实验中有什么作用？如何选用电解质作为盐桥以适应各种不同的原电池？

3. 为什么用伏特计不能准确测量电池电动势？

八、实验讨论

1. 测定电池电动势的方法有非常广泛的应用。例如：平衡常数、解离常数、配合物稳定常数、难溶盐的溶解度、两状态间热力学函数的改变、溶液中的离子活度、活度系数、离子迁移率、溶液的 pH 值等均可以通过测定电动势的方法求得。在分析化学中，电位滴定法也是基于测量电动势的方法。

2. 用正、负离子迁移数相当的物质如 KCl、NH_4NO_3、KNO_3 等的溶液作盐桥以尽可能消除液接界电位。对不同的原电池体系，要注意电极组成物质是否与盐桥的电解质溶液发生反应。

3. Cu-Zn 原电池实际上并不是可逆电池。当电池工作时，除了在负极进行 Zn 的氧化和在正极进行 Cu^{2+} 的还原以外，在 $ZnSO_4$ 与 $CuSO_4$ 溶液的接界处，还要发生 Zn^{2+} 向 $CuSO_4$ 溶液的扩散过程。而当有外界电流反向流入该电池时，电极反应虽然可以逆向进行，但是在两溶液接界处离子的扩散与原来不同，是 Cu^{2+} 向 $ZnSO_4$ 溶液中迁移，因此不能让这两种溶液直接接触，加入盐桥，减小了液体接界电势的影响，则可近似当作可逆电池来处理。

九、附

EM-3C 型数字式电子电位差计使用说明

EM-3C 型数字式电子电位差计的前面板示意如图 13-3 所示。左上方为"电动势指示"6 位数码管显示窗口和"平衡指示"5 位数码管显示窗口。左下方为五个拨位开关及一个电容器，用于选定内部标准电动势的大小，分别对应 × 1000mV、× 100mV、× 10mV、×1mV、×0.1mV、×0.01mV 挡。右上方为电源开关，右边校准按钮用于校准仪器，右边中间的两位拨位开关用于选择测量或外标，右下方的两组插孔分别用于接被测电池和外接标准电池（仅在外标时接）。

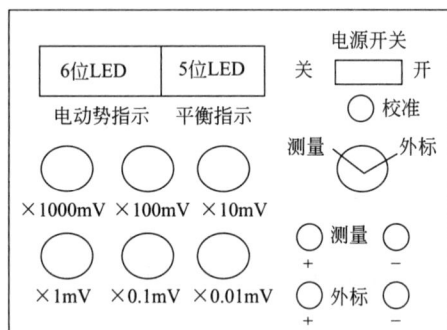

图 13-3　EM-3C 型的数字式电子电位差计面板示意

EM-3C 型数字式电子电位差计的使用方法如下：

1. 通电

插上电源插头，打开电源开关，两组 LED 显示即亮。预热 5min，将右侧功能选择开关置于"测量"挡。

2. 接线

将测量线与被测电动势按正负极接好。仪器提供 4 根通用测量线，一般黑线接负极，黄线或红线接正极。

3. 设定内部标准电动势值

左 LED 显示为由拨位开关和电位器设定的内部标准电动势值，以设定内部标准电动势值为 1.01862 为例，将×1000mV 挡拨位开关拨到 1，将×100mV 挡拨位开关拨到 0，将×10mV 挡拨位开关拨到 1，将×1mV 挡拨位开关拨到 8，将×0.1mV 挡拨位开关拨到 6，旋转×0.01mV 挡电位器，使电动势指示 LED 的最后一位显示为 2。

右 LED 显示为设定的内部标准电动势值和被测电动势的差值。如显示为 OU.L，则指示被测电动势与设定的内部标准电动势值的差值过大。

4. 测量

将面板右侧的拨位开关拨至"测量"位置，观察右边 LED 显示值，调节左边拨位开关和电位器，设定内部标准电动势值直到右边 LED 显示值为"00000"附近，等待电动势指示数码显示稳定下来，此即为被测电动势值。需注意的是"电动势指示"和"平衡指示"数码显示在小范围内摆动属正常，摆动数值在±1 之间。

5. 校准（此项操作必须由教师完成，学生不得单独操作）

仪器出厂时均已经将标准电池调试好。但为了保证测量精度，可以由用户用外部标准电池进行校准。打开仪器面板后通电，接好标准电池，将仪器面板右侧的拨位开关拨至"外标"位置，调节左边拨位开关和电位器，设定内部标准电池值为标准电池的实际数值，观察右边平衡指示 LED 显示值，如果不在零值附近，按校准按钮，放开按钮后平衡指示 LED 显示值为零，校准完毕。

仪器使用注意事项：

（1）仪器不要放置在有强电磁场的区域。

（2）因仪器精度高，测量时应单独放置。不可将仪器叠放，也不能用手触摸仪器外壳。

（3）仪器的精度较高，每次调节后，"电动势指示"处的数码显示须经过一段时间才可稳定下来。

（4）测试完毕，需将被测电动势及时取下。

（5）仪器已校准好后不要再随意校准。

（6）如仪器正常加电后无显示，请检查后面板上的保险丝（0.5A）。

实验十四　电动势法测定化学反应的热力学函数

一、实验目的

1. 测定可逆电池在不同温度的电动势，计算电池电动势的温度系数。

2. 计算电池反应的热力学函数值 $\Delta_r G_m$、$\Delta_r H_m$ 和 $\Delta_r S_m$。

二、实验原理

在恒温、恒压、可逆条件下，电池反应的 $\Delta_r G_m$ 与电动势的关系如下

$$\Delta_r G_m = -nEF \tag{14-1}$$

式中，n 为电池反应得失电子数；E 为电池的电动势；F 为法拉第常数。

根据吉布斯-亥姆霍兹（Gibbs-Helmholtz）公式

$$\Delta_r G_m = \Delta_r H_m + T \left(\frac{\partial \Delta_r G_m}{\partial T} \right)_p \tag{14-2}$$

又

$$\Delta_r G_m = \Delta_r H_m - T \Delta_r S_m \tag{14-3}$$

由上面二式得

$$\Delta_r S_m = - \left(\frac{\partial \Delta_r G_m}{\partial T} \right)_p \tag{14-4}$$

将式(14-1) 代入式(14-4) 得

$$\Delta_r S_m = nF \left(\frac{\partial E}{\partial T} \right)_p \tag{14-5}$$

式中，$\left(\frac{\partial E}{\partial T} \right)_p$ 称为电池电动势的温度系数。将式(14-5) 代入式(14-3)，变换后可得

$$\Delta_r H_m = \Delta_r G_m + T \Delta_r S_m = -nEF + nTF \left(\frac{\partial E}{\partial T} \right)_p \tag{14-6}$$

因此，将化学反应设计成一个可逆电池，在恒定压力下，测得不同温度时可逆电池的电动势，以电动势 E 对温度 T 作图，从曲线上可以求任一温度下的 $\left(\frac{\partial E}{\partial T} \right)_p$，用公式(14-5) 计算电池反应的热力学函数 $\Delta_r S_m$、用公式(14-6) 计算 $\Delta_r H_m$、用公式(14-3) 计算 $\Delta_r G_m$。由于电池的电动势可以准确测定，因此电动势法测得的热力学函数值，较直接用量热计测定所得的结果可靠。

本实验测定下面反应的热力学函数：

$$Hg_2Cl_2(s) + 2Ag(s) \Longrightarrow 2AgCl(s) + 2Hg(l)$$

用 $Ag|AgCl(s)$ 电极与饱和甘汞电极将上述化学反应组成如下电池：

$$Ag|AgCl(s)|KCl(饱和)|Hg_2Cl_2(s)|Hg(l)$$

测得该电池电动势 E 及其温度系数 $\left(\frac{\partial E}{\partial T} \right)_p$，便可计算电池反应的 $\Delta_r G_m$、$\Delta_r H_m$ 和 $\Delta_r S_m$。

三、仪器与试剂

仪器：恒温槽 1 台；UJ33a 型直流电位差计 1 台；稳压直流电源 1 台；双层三口瓶 1 个；温度计（0.1℃）1 支；饱和甘汞电极 1 支；铂电极 1 支；银电极 1 支；导线若干根。

试剂：5% K_2CrO_4 溶液；6mol·dm^{-3} HNO_3 溶液；0.1mol·dm^{-3} HCl 溶液；饱和 KCl 溶液。

四、实验步骤

1. Ag|AgCl 电极的制备参见实验十三。

2. 打开恒温槽，调节温度至设定温度，每次均需恒温 20～30min 再进行电动势测定。

3. Ag(s)|AgCl(s)|饱和 KCl 溶液|$Hg_2Cl_2(s)$|Hg(l)电池的组装，电池示意图如图 14-1 所示。

4. 用 UJ33a 型直流电位差计测定温度为 15.0℃、20.0℃、25.0℃、30.0℃、35.0℃时电池的电动势。测定时，5min 读取一次电动势，直至取得稳定数值为止。每个温度下测量几次，各次测定之差应小于0.0002V，取三次以上平均值。

五、实验注意事项

1. 在测定电池电动势的温度系数时，一定要使体系达到热平衡，恒温时间至少 20min。

2. 在等待升温的过程中，应将电位差计的"调零/测量"选择旋钮置于"调零"位置。

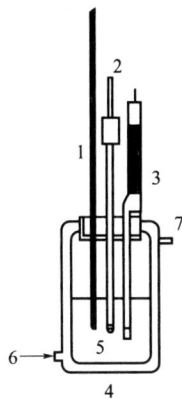

图 14-1　电池示意图
1—温度计；2—Ag(s)|AgCl|(s)电极；3—甘汞电极；4—双层三口瓶；5—饱和 KCl 溶液；6—恒温水入口；7—恒温水出口

六、数据记录与处理

1. 实验记录

见表 14-1。

表 14-1　实验记录

温度/℃	测定值/V			平　均　值/V
	1	2	3	
15.0				
20.0				
25.0				
30.0				
35.0				

2. 数据处理

(1) 以 E 对 T 作图，求 $T=298K$ 时的斜率。

(2) 计算 298K 时此反应的热力学函数 $\Delta_r G_m$、$\Delta_r H_m$ 和 $\Delta_r S_m$ 的值。

七、思考题

1. 用本实验中的方法测定电池反应热力学函数时，为什么要求电池内进行的化学反应是可逆的？

2. 能用于设计电池的化学反应应具备什么条件？

3. 本实验中电池的电动势与 KCl 溶液浓度是否有关？

八、实验讨论

1. 本实验所设计电池的正、负电极的电极电势分别为：

$$\varphi_+ = \varphi_{甘汞} = \varphi_{甘汞}^{\ominus} - \frac{RT}{F}\ln a_{Cl^-}$$

$$\varphi_- = \varphi_{AgCl/Ag} = \varphi_{AgCl/Ag}^{\ominus} - \frac{RT}{F}\ln a_{Cl^-}$$

电池的电动势为：

$$E = \varphi_+ - \varphi_- = \varphi_{甘汞} - \varphi_{AgCl/Ag}$$
$$= \varphi_{甘汞}^{\ominus} - \frac{RT}{F}\ln a_{Cl^-} - \left(\varphi_{AgCl/Ag}^{\ominus} - \frac{RT}{F}\ln a_{Cl^-}\right)$$
$$= \varphi_{甘汞}^{\ominus} - \varphi_{AgCl/Ag}^{\ominus}$$

可见，该电池的电动势 E 与 KCl 溶液的浓度无关，测得的电动势 E 就是标准电动势，求得的热力学函数值也就是标准热力学函数值。

2. 本实验装置也可测定 $C_6H_4O_2$(醌) $+ 2HCl + 2Hg \Longrightarrow Hg_2Cl_2 + C_6H_4(OH)_2$（氢醌）的热力学函数值。量取 15mL 0.2mol·dm^{-3} 的 Na_2HPO_4 和 35mL 0.1mol·dm^{-3} 的柠檬酸倒入烧杯中，加入适量醌氢醌使其饱和。注意在加入醌氢醌时，应每次少量，多次加入（总量约 60mg），充分搅拌。搅拌均匀后装入可通恒温水的双层三口瓶内，插入铂电极和饱和甘汞电极，组装电池为：Hg | Hg_2Cl_2(s) | KCl(饱和) ‖ H^+,$C_6H_4(OH)_2$,$C_6H_4O_2$ | Pt。

3. 电动势测定还可应用于求氧化还原反应的平衡常数、难溶盐的溶度积 K_{sp}、溶液的 pH 值、溶液中的离子活度、活度系数等。在分析化学中，电位滴定这一分析方法也是基于测量电动势的方法。

实验十五　恒电位法测定金属阳极极化曲线

一、实验目的

1. 了解极化曲线的意义和应用。
2. 了解恒电位仪工作原理，掌握恒电位仪的使用方法。
3. 掌握恒电位法测定金属阳极极化曲线的基本原理和测试方法。

二、实验原理

1. 极化现象与极化曲线

为了探索电极过程机理及影响电极过程的各种因素，必须对电极过程进行研究，其中极化曲线的测定是重要方法之一。

在研究可逆电池的电动势和电池反应时，电极上几乎没有电流通过，每个电极反应都是在接近平衡状态下进行的，因此电极反应是可逆的。但当有电流明显地通过电池时，电极的平衡状态被破坏，电极电势偏离平衡值，电极反应处于不可逆状态，而且随着电极上电流密度的增加，电极反应的不可逆程度也随之增大。电流通过电极而导致电极电势偏离平衡值的现象称为电极的极化，描述电流密度与电极电势之间关系的曲线称为极化曲线，如图 15-1 所示。

（1）A-B 段为活性溶解区　从 A 点开始，随着电位向正方向移动，电流密度也随之增加，此时金属进行正常的阳极溶解，阳极电流随电势的变化符合塔菲尔公式。

（2）B-C 段为过渡钝化区　电势达到 B 点时，电流为最大值，此时的电流称为临界钝化电流，所对应的电势称为临界钝化电势。电势超过 B 点后，电流密度随电势增加迅速减至最小，这是因为金属开始钝化，表面生成了一层电阻高、耐腐蚀的钝化膜。

（3）C-D 段为稳定钝化区　电势到达 C 点以后，随着电势的继续增加，电流却保持在一个基本不变的很小的数值上，此时的电流称为维钝电流。

（4）D-E 段为过钝化区　电势升到 D 点之后，阳极电流又重新随电势的上升而增大，表示阳极又发生了氧化过程，可能是高价金属离子产生，也可能是水分子放电析出氧气，还可能是两者同时出现。

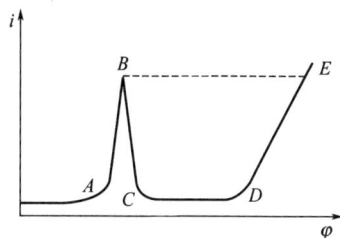

图 15-1　极化曲线示意图
A-B—活性溶解区；B—临界钝化点；
B-C—过渡钝化区；C-D—稳定
钝化区；D-E—过（超）钝化区

2. 恒电位法测定极化曲线的原理

实验采用三电极体系测定极化曲线。被研究的电极称为工作电极或研究电极，与研究电极构成电流回路的电极称为辅助电极，也叫对电极。其面积通常要比研究电极大，以降低该电极上的极化。参比电极是测量研究电极电势的比较标准，与研究电极组成测量电池。为减少电极电势测试过程中的溶液电位降，通常两者之间以鲁金毛细管相连。鲁金毛细管应尽量但也不能无限靠近研究电极表面，以在降低溶液电位降的同时，避免对电极表面的电力线分布造成屏蔽效应。

恒电位法就是将研究电极的电极电势依次恒定在不同的数值上，然后测量对应于各电位下的电流极化曲线，测量应尽可能接近稳态。稳态体系是指被研究体系的极化电流、电极电势、电极表面状态、电极周围反应物和产物的浓度分布等基本上不随时间而改变。电化学稳态不是电化学平衡态。实际上，真正的稳态并不存在，稳态只具有相对的含义。到达稳态之前的状态被称为暂态。

在实际测量中，常用的控制电位测量方法有以下两种。

（1）阶跃法　将电极电势恒定在某一数值，测定相应的稳定电流值，如此逐点地测量一系列各个电极电势下的稳定电流值，以获得完整的极化曲线。对某些体系，达到稳态可能需要很长时间，为节省时间，提高测量重现性，往往人们自行确定电极电势的恒定时间或扫描速度，使测试过程接近稳态，测准稳态极化曲线。

（2）慢扫描法　控制电极电势以较慢的速度连续地改变（扫描），并测量对应电势下的瞬时电流值，以瞬时电流与对应的电极电势作图，获得整个极化曲线。一般来说，电极表面建立稳态的速度愈慢，则电位扫描速度也应愈慢。因此对不同的电极体系，扫描速度也不相同。为测得稳态极化曲线，人们通常依次减小扫描速度测定若干条极化曲线，当测至极化曲线不再明显变化时，可确定此扫描速度下测得的极化曲线即为稳态极化曲线。同样，为节省时间，对于那些只是为了比较不同因素对电极过程影响的极化曲线，则选取适当的扫描速度绘制准稳态极化曲线就可以了。

上述两种方法都已经获得了广泛应用，阶跃法测量结果虽较接近稳态值，但测量的时间较长，例如对于钢铁等金属及其合金，为了测量钝化区的稳态电流，往往需要在每一个电位下等待几个小时甚至几十个小时；慢扫描法，虽然距稳态值相对较大，但测量的时间较短，且可以自动测绘，扫描速度可控制一定，因而测量结果重现性好，特别适用于对比实验。

图 15-1 完整的阳极极化曲线只能由恒电位法得到，若用恒电流法（即控制研究电极上

的电流密度依次恒定在不同的数值下，同时测定相应的稳定电极电势值，得到极化曲线），只能得到图 15-1 中的虚线的形式（即 ABE 线，ABC 段就作不出来），因此只能近似地估计被测电极的临界钝化电位和高铁(Ⅵ)及氧的析出电位，不能完全描绘出碳钢的溶解和钝化的实际过程。

三、仪器与试剂

仪器：DSJ-292 双显恒电位仪 1 台；铂电极 1 只；碳钢电极（$1.0cm^2$）1 个；秒表 1 块；饱和甘汞电极 1 只；KCl 盐桥 1 只；游标卡尺 1 个；氮气钢瓶 1 个；电磁搅拌器 1 台；250mL 烧杯 3 个。

试剂：$0.5mol \cdot dm^{-3}$ H_2SO_4 溶液；丙酮；$2mol \cdot dm^{-3}$ $(NH_4)_2CO_3$ 溶液；饱和 KCl 溶液。

四、实验步骤

1. 电极预处理

先用零号砂纸将碳钢电极粗磨，再用金相砂纸打磨至镜面光亮，在丙酮中除油后，以铂电极为阳极，接恒电位仪"研究"接线端，碳钢电极为阴极，接"辅助"接线端，"工作选择"置"恒电流"，调节恒电流粗调和细调旋钮，使电流密度控制在 $5mA \cdot cm^{-2}$ 以下，在 $0.5mol \cdot dm^{-3}$ H_2SO_4 溶液中电解 10min 去除氧化膜，最后用蒸馏水冲洗干净（不用时可浸泡在有机溶剂中，如无水乙醇或丙酮中保存）。留出 $1cm^2$ 面积，用石蜡涂封其余部分备用。如蜡封多，可用小刀去除多余的石蜡，保持切面整齐。

2. 电解池安装与线路连接

取 $2mol \cdot dm^{-3}$ $(NH_4)_2CO_3$ 溶液于烧杯中，另取饱和 KCl 溶液于另一烧杯中，将处理后的碳钢电极和铂电极插入 $(NH_4)_2CO_3$ 溶液中，将饱和甘汞电极置于饱和 KCl 溶液中，用盐桥连接，并使盐桥的尖嘴接近碳钢电极的表面（以接近其端口直径的 2 倍为宜）。

按图 15-2 所示安装好测试体系的研究电极、辅助电极和参比电极，并与恒电位仪上的相应电极引线相接。即以碳钢电极为阳极接研究电极并和地线连接，以铂电极为阴极和辅助电极连接，组成一个电解池，以饱和甘汞电极为参比电极与研究电极组成一个电池。通电前在溶液中通入 N_2 5～10min，以除去电解液中的氧。为保证除氧效果，可打开电磁搅拌器。

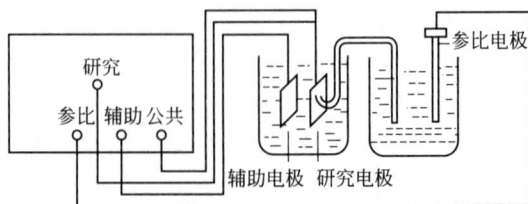

图 15-2　电解池接线示意图

3. 恒电位仪开机前的检查

在掌握仪器基本原理和操作要领的基础上，确认实验装置的正确连接。将恒电位仪"工作"键置于"断","电流选择 K10"置于"1A","工作方式"置于"恒电位","内给定电压选择"中"1V"和"2V"键均弹出,0~1V 旋钮逆时针旋到底,"溶液电阻补偿"置于"断",后面板"信号选择"开关置于"内给定"。开启恒电位仪,预热 30min。

4. 自然腐蚀电位的测量

将恒电位仪"工作键"置"通","负载选择"置于"电解池",电流显示为 0,电位显示的电极电位为"研究电极"相对于"参比电极"的自然腐蚀电位,应在$-0.85V$ 左右方合格,否则需要重新处理研究电极。

5. 测定碳钢在碳酸铵溶液中的阳极极化曲线

(1)阶跃法　手动调节"内给定电压",从$-1.2V$ 开始,每次改变 0.1V,等待时间为 2min。逐点调节电位值,同时记录其相应的电流值,直到电位达到$+1.0V$ 为止。由电流选择键选择合适的电流显示单位,一般应从大电流量程到小电流量程依次选择,使之既不过载又有一定的精确度。

(2)慢扫描法(选做)

① 在 Windows XP 操作平台下运行"DSJ-292 测量与数据处理系统",进入主控菜单;根据系统提示,通过实验参数表确定当前实验名称、共测多少组、每组多长时间、测量时间间隔等参数。

② 在"参数设定"中,"初始电位"设为$-1.2V$,"终止电位"设为$+1.0V$,"扫描速度"设为$10mV \cdot s^{-1}$,在"数据作图"中选择"电压对电流",之后点击"数值与文件"下的"测量"开始测量。记录并保存实验结果。

③ 依次降低扫描速度至所得曲线不再明显变化,保存该曲线为实验测定的极化曲线。

6. 实验后的工作

测试结束,先关闭电源,恒电位仪各键还原为开机前状态,拆除电极。

五、实验注意事项

1. 按照实验要求,严格进行电极处理。碳钢片表面的氧化膜一定要去除干净,处理好的碳钢片不宜长时间暴露在空气中,防止再次氧化,影响实验。

2. 将研究电极置于电解槽中时,要注意与盐桥尖嘴之间的距离每次应保持一致。

3. 按规定接好电路后方可开启电源,每次更换电极或溶液时,必须关闭电源方能进行相应操作,严防短路导致仪器故障。

4. 实验中应按要求增加电压,防止因电压过大或电流过大而使得碳钢片表面迅速氧化,导致实验失败。若实验需要重做,碳钢片必须重新仔细处理后,方可使用。

5. 在使用恒电位仪时,除测量时间外,一般应将"工作键"置于"断",特别出现异常(如电极上有大量气泡放出、电流过大)时,应马上将其置于"断",以免损坏仪器。

六、数据记录与处理

1. 数据记录

见表 15-1。

大气压:＿＿＿＿＿;室温:＿＿＿＿＿;电极面积:＿＿＿＿＿;自然腐蚀电位:＿＿＿＿＿。

表 15-1 数据记录

电位/V									
电流/mA									
电位/V									
电流/mA									
电位/V									
电流/mA									

2. 数据处理

（1）以电流密度为纵坐标、电极电势（相对饱和甘汞电极）为横坐标，绘制极化曲线。

（2）在图 15-1 中指出钝化曲线中的活性溶解区、过渡钝化区、稳定钝化区及过钝化区，并标出临界钝化电流密度（电势）、维钝电流密度等数值。

七、思考题

1. 测量前，为什么打磨电极后，还需对其进行阴极极化处理？

2. 测定极化曲线，为何需要三电极体系？在恒电位仪中，电位与电流哪个是自变量？哪个是因变量？

3. 讨论所得实验结果及曲线的意义。

4. 比较跃阶法和慢扫描法测定极化曲线有何异同，并说明原因。

5. 测定阳极钝化曲线为何要用恒电位法？

6. 做好本实验的关键有哪些？

八、实验讨论

1. 金属的钝化现象非常常见，人们已对它进行了大量的研究工作。影响金属钝化过程及钝化性质的因素，可以归纳为以下几点。

（1）溶液的组成　溶液中存在的 H^+、卤素离子以及某些具有氧化性的阴离子，对金属的钝化现象起着颇为显著的影响。在中性溶液中，金属一般比较容易钝化，而在酸性或某些碱性溶液中，钝化则困难得多，这与阳极产物的溶解度有关。卤素离子，特别是氯离子的存在，明显地阻滞金属的钝化，已经钝化了的金属也容易被它破坏（活化），而使金属的阳极溶解速度重新增大。溶液中存在的某些具有氧化性的阴离子（如 CrO_4^{2-}）则可以促进金属的钝化。

（2）金属的化学组成和结构　各种纯金属的钝化性能不尽相同，以铁、镍、铬三种金属为例，铬最易钝化，镍次之，铁较差。因此添加铬、镍可以提高钢铁的钝化能力及钝化的稳定性。一般来说，在合金中添加易钝化金属，可提高合金的钝化能力及钝化的稳定性。

（3）外界因素（如温度、搅拌等）　一般来说，温度升高及搅拌加剧，可以推迟或防止钝化过程的发生，这显然与离子的扩散有关。

2. 处于钝化状态的金属溶解速度是很小的，在金属的防腐蚀以及作为电镀的不溶性阳极时，金属的钝化正是人们所需要的，例如，将待保护的金属作阳极，先使其在致钝电流密度下表面处于钝化状态，然后用很小的维钝电流密度使金属保持在钝化状态，从而使其腐蚀速度大大降低，达到保护金属的目的。但是，在化学电源、电冶金和电镀中作为可溶性阳极时，金属的钝化就非常有害。

3. 金属之所以由活化状态转变为钝化状态，目前对此问题有着不同看法。

（1）持氧化膜理论者认为：在钝化状态下，溶解速度的剧烈下降，是由于在金属表面上形成了具有保护性的致密氧化界面膜的缘故。

（2）持吸附理论者认为：这是由于表面吸附了氧，形成氧吸附层或含氧化物吸附层，因而抑制了腐蚀的进行。

（3）持连续模型理论者认为：开始是氧的吸附，随后金属从基底迁移至氧吸附膜中，缓缓发展为无定形的金属-氧基结构。

各种金属在不同介质或相同介质中的钝化原因不尽相同，因此很难简单地用单一理论予以概括。

4. 极化曲线的测量对化学电源、电镀、电冶金、电解、金属防腐蚀和电化学基础研究等有着重要的意义。测量金属的极化曲线已有一百多年的历史，其中一个主要方面是研究金属的阳极行为。1954 年首次提出用阳极保护来防止金属腐蚀。1958 年阳极保护首次用于工业生产。例如，我国有几十个化肥厂对碳酸铵生产中的碳化塔实施阳极保护，效果良好。把整个碳化塔塔体、塔内冷却水箱、槽钢等作为阳极接到整流器的正极上；在塔内布置一定数量的碳钢阴极，接到整流器的负极上。阳极与阴极面积之比为 13∶1 左右，当氨水缓缓加入塔内时，通上大电流，随着溶液的上升，碳钢逐步地钝化。当碳钢进入钝化区间后，减小电流维持在钝化区间，并将阳极电势控制在 700～900mV 之间，使碳化塔受到保护。

九、附

DJS-292 双显恒电位仪使用说明

DJS-292 双显恒电位仪是一种电化学测试仪器，可广泛应用于电极过程动力学、电镀、金属腐蚀、电化学分析及有机电化学合成等方面的研究。该仪器的主要功能为恒电位输出和恒电流输出。仪器由电源电路、主放大器、电流电压转化器、电压跟随器、对数转化器及电压电流过载指示和阴阳极显示电路等构成。在恒电位方式工作时，它使电化学体系的两个电极（研究电极和参比电极）之间的电位保持恒定，或者准确随着给定的指令信号变化，而不受到研究电极电流变化的影响。在恒电流方式工作时，它使流过研究电极的电流保持某一恒定值（由内给定设定），或准确地跟随给定信号（外给定）变化，而不受研究电极相对于参比电极电位变化的影响。

（一）面板及其设置

1. 前面板

前面板如图 15-3 所示，它由如下几部分组成。

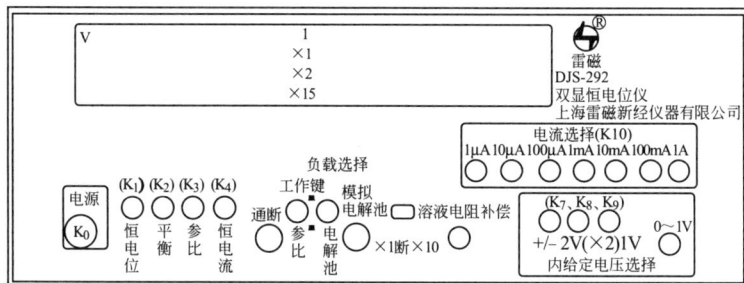

图 15-3　前面板示意图

（1）**显示部分**　显示栏由两部分组成，左栏为电压显示，右栏为电流显示，电压显示栏有三个指示灯，"×1"，"×2"为恒电流工作方式，显示内给定所给直流电压，当内给定电压选择"2V"键按下时，电压指示灯"×2"亮，实际的显示值应乘2；指示灯"×15"为恒电流工作方式时，所显示的为直流槽电压。当内给定电压"2V"键按下时，所显示的槽电压在"×15"的基础上再乘以2。电流选择按键决定电流单位。

（2）**电源开关**　电源开关为红色按键 K_0，按下 K_0 电源通，再按下电源断。

（3）**仪器工作方式的选择**　仪器工作方式有"恒电位"（K_1）、"平衡"（K_2）、"参比"（K_3）和"恒电流"（K_4）四挡。按下 K_1 或 K_4，仪器将以恒电位或恒电流的方式工作，按下 K_3，仪器测量研究电极与参比电极之间的开路电位，按下 K_2，将使实验者更容易地把给定电位调节到平衡电位上。

（4）**负载状态**　负载由左右两键控制。左键置于"断"，则仪器与负载断开，左键置于"工作"，则仪器与负载连通；右键分"电解池"和"模拟"两种状态时，仪器与外部电解池连通。

（5）**溶液电阻补偿**　溶液电阻补偿由控制开关和电位器（10kΩ）组成。控制开关分"×1"、"断"、"×10"三挡，在"×10"时溶液电阻补偿是"×1"的10倍，"断"则溶液反应回路中无补偿电阻。

（6）**内给定电压选择**　内给定电压选择由三个按键和电位器组成。电位器提供 $0 \sim 1V$ 的可调直流电压。"1V"、"2V"键提供在 $1 \sim 2V$、$2 \sim 3V$、$3 \sim 4V$ 之间的内给定可调直流电压，按下"2V"，同时使电压显示指示灯"×2"点亮。"＋/－"键确定仪器内给定的极性。

（7）**电流选择**　电流选择由七挡按键组成。分别为"1μA""10μA""100μA""1mA""10mA""100mA""1A"。

当仪器在恒电位工作方式时，电流显示由电流选择键选择合适的显示单位。

当仪器在恒电流工作方式时，电流显示为仪器提供的恒电流值。

2. 后面板

后面板如图 15-4 所示，除电源插座和保险丝座以外，还有信号选择。信号选择由选择开关和五个高频插座组成。选择开关可选择"外给定"、"内给定"、"外加内"三种给定方式。"外给定"方式时，由外加信号从开关右侧的高频插座插入；"内给定"方式时，由仪器内部提供直流电压信号；"外加内"方式时，则由外加信号和内部直流电压信号共同组成的合成信号。

图 15-4　后面板示意图

其余四个高频插座分别为"参比电压"、"电流对数"、"电流"和"槽电压"四个输出端，可以与外接仪表或记录仪连接。各输出端的输出阻抗小于 2kΩ。为消除测量误差，要求外接仪表或记录仪的输入阻抗大于 1MΩ。

（二）仪器的通电检查

仪器通电以前，前、后面板的开关应处于下列位置。

1. 工作键置于"断"；

2. 工作方式置于"恒电位";

3. "负载选择"置于"电解池";

4. "溶液电阻补偿"置于"断";

5. "1V"、"2V"键均弹出,0~1V电位器旋钮逆时针旋到底;

6. "电流选择"置于"1A";

7. 后面板"信号选择"开关置于"内给定"。

此时将电解池电极引线按图15-5所示连接。

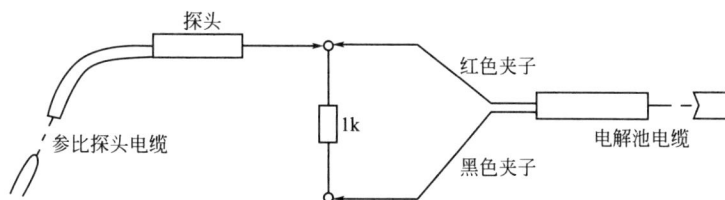

图15-5　1kΩ电阻作为外接电解池时的连接示意图

按下电源开关,数显屏上电压、电流显示均为0.000±(最后1个字),按下工作键,内给定"+/-"开关置于"+",调节内给定电位器,使电压表显示为1.000,电流选择开关再置"1mA",电流表应显示-1.000左右,改变"+/-"开关置于"-",再调节内给定电位器,使电压表显示为-1.000,电流表应显示1.000左右。

(三)电化学实验装置的连接

仪器的外给定插座可以和信号发生器连接,提供给恒电位仪不同波形的电压信号。仪器的电位输出、电流读数输出或电流读数对数输出都可以与X-Y记录仪或示波器连接,记录实验数据(如图15-6)。所配的引出线中红夹接高电位,黑夹接低电位。"槽电压"接口引线可用以监测槽电压。

仪器的电解池电极引线接到电解池,其中黑夹接研究电极(WE),红夹接辅助电极(CE),仪器的参比电路组件探头夹子与电解池的参比电极

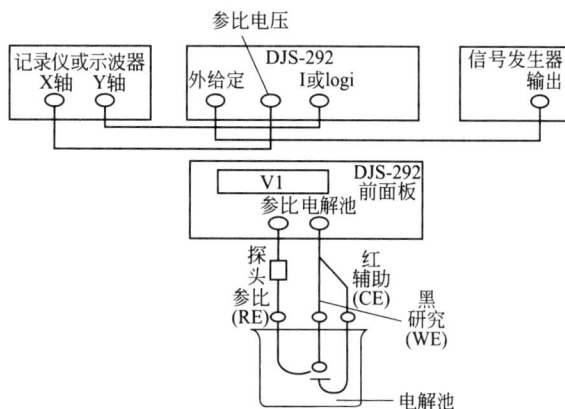

图15-6　电化学实验装置的连接

(RE)相连。一般的电化学实验装置可按图15-6连接。

(四)实验操作

1. 实验前的准备

初次使用恒电位仪前必须仔细阅读使用说明书,掌握本仪器的基本原理和操作要领,正确连接电化学装置。检查220V交流电源是否正常,将"工作"置于"断","电流选择"置于"1A",工作方式置于"恒电位",打开电源开关,将仪器预热30min。

2. 参比电位的测量

将工作方式置于"参比测量",工作键左键置于"通",右键置于"电解池"。面板上的电压表显示参比电极(RE)相对于研究电极(WE)的开路电位,符号相反。

3. 平衡电位的测量

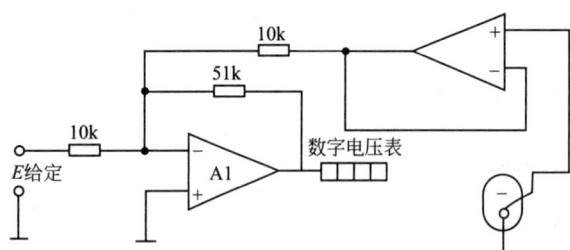

图 15-7　工作方式为"平衡"时的电原理示意图

工作方式置于"平衡"，负载选择置于"电解池"，调节内给定电位器，使电压表显示 0.000，该给定电位即是所要设置的平衡电位（见图 15-7）。

由于此时主放大器接成大于 5 倍的放大器，如果主放大器输出电位显示 1mV，实际给定电位离平衡电位仅相差不到 0.2mV，这就使平衡电位的设置更为准确。

4. 极化电位、电流的调节

如要对电化学体系进行恒电位、恒电流极化测量，应先在模拟电解池上调节好极化电位、电流值，然后再将电解池接入仪器。如果利用内给定作为电化学体系的平衡电位设置，而由外给定引入信号发生器，在此基础上给电化学体系施加不同的极化波形，则可按平衡电位设置，由内给定准确地设置到平衡电位上，"信号选择"开关置于"外加内"。

由外给定接入信号发生器作为极化信号，同样应先在"模拟电解"上调节好极化电位、极化电流或极化波形。

5. 电化学体系的极化测量

"负载选择"置于"电解池"，接通电化学体系，记录实验曲线，应注意在恒电位工作方式时选择适当的电流量程，一般应从大电流量程到小电流量程依次选择，使之既不过载又有一定的精确度。

6. 溶液电阻补偿的调节和计算

一些电化学体系实验必须进行溶液电阻补偿方能得到正确结果。方法是按照正常方式准备电解池体系，将给定电极设置在所研究电位化学反应的半波电位以下，即在该电位下电化学体系无法拉第电流。由信号发生器经外给定在该电位上叠加一个频率为 1kHz 或低于 1kHz、幅度为（10~50mV）（峰-峰值）的方波。由示波器监视电流输出波形，溶液电阻补偿开关置于"×1"或"×10"，调节补偿多圈电位器使示波器波形如图 15-8 所示的正确补偿的图形，然后在这种溶液电阻补偿的条件下进行实验。同时应该注意溶液电阻与多种因素有关，特别是与电极之间的相互位置有关。因此在变动电解池体系各电极之间相对位置以后，应重新进行溶液电阻补偿的调节。

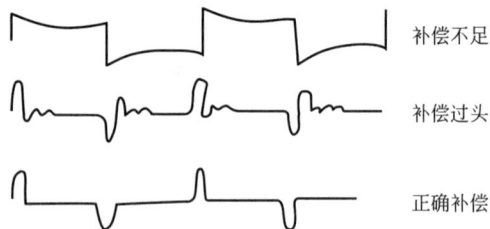

图 15-8　溶液电阻补偿调节时的电流输出波形

溶液电阻的计算应是溶液电阻补偿正确调节以后，溶液电阻调节多圈电位器数值乘上电流量程，例如：多圈电位器读数为 9（90%），电流量程为 10mA，电流量程电阻为 100Ω，则溶液电阻值为 90Ω，多圈电位器读数应在实验结束后，逆时针旋转多圈电位器到底，记下旋转圈数，即为多圈电位器读数。

电流量程与电流量程电阻对应关系如表 15-2。

表 15-2　电流量程与电流量程电阻对应关系

电流量程	电流量程电阻	电流量程	电流量程电阻
$1\mu A$	$1M\Omega$	$10mA$	100Ω
$10\mu A$	$100k\Omega$	$100mA$	10Ω
$100\mu A$	$10k\Omega$	$1A$	1Ω
$1mA$	$1k\Omega$		

实验十六　蔗糖水解反应速率常数的测定

一、实验目的

1. 了解反应物浓度与反应体系旋光度之间的关系。
2. 掌握旋光仪的正确使用方法。
3. 学习旋光度的测量方法及在化学反应动力学研究中的应用。

二、实验原理

蔗糖水解转化为葡萄糖与果糖，反应如下：

$$C_{12}H_{22}O_{11} + H_2O \longrightarrow C_6H_{12}O_6 + C_6H_{12}O_6$$
$$\text{（蔗糖）} \qquad\qquad \text{（葡萄糖）} \quad \text{（果糖）}$$

它是一个二级反应，在纯水中反应的速率极慢，通常需要在 H^+ 催化作用下进行。由于反应时水是大量存在的，尽管有部分水分子参加了反应，仍可近似地认为整个反应过程中水的浓度是恒定的，而且 H^+ 是催化剂，其浓度也保持不变。因此蔗糖水解反应可看作准一级反应。

一级反应的速率方程可由式（16-1）表示：

$$-dc/dt = kc \tag{16-1}$$

式中，c 为 t 时刻时反应物浓度，$mol \cdot dm^{-3}$；k 为反应速率常数，s^{-1}。积分式（16-1）可得：

$$\ln c = -kt + \ln c_0 \tag{16-2}$$

c_0 为反应开始时反应物浓度。

当 $c = 0.5c_0$ 时，反应时间可用 $t_{1/2}$ 表示，即为反应半衰期：

$$t_{1/2} = \ln 2/k = 0.693/k \tag{16-3}$$

从式（16-2）不难看出，在不同时刻 t 测定反应物的浓度 c，并以 $\ln c$ 对 t 作图，可得一直线，由直线斜率即可得反应速率常数 k。然而反应是在不断进行的，要快速准确分析出反应物的浓度是困难的。因蔗糖及其转化物都具有旋光性，而且它们的旋光能力不同，故可以利用体系在反应进程中旋光度的变化来度量反应的进程。

溶液的旋光度与溶液中所含物质的旋光能力、溶液性质、溶液浓度、样品管长度及温度等均有关系。当其他条件固定时，旋光度 α 与反应物浓度 c 呈线性关系。

即

$$\alpha = \beta c \tag{16-4}$$

式（16-4）中比例常数 β 与物质的旋光能力、溶液性质、溶液浓度、样品管长度和温度等有关。

作为反应物的蔗糖是右旋性物质，其比旋光度 $[\alpha]_D^{20} = +66.6$；生成物中葡萄糖也是右旋性物质，其比旋光度 $[\alpha]_D^{20} = +52.5$；果糖是左旋性物质，其比旋光度 $[\alpha]_D^{20} = -91.9$。由于生成物中果糖的左旋性比葡萄糖右旋性大，所以生成物呈现左旋性质。因此随着反应进行，体系的右旋角不断减小，反应至某一瞬间，体系的旋光度可恰好等于零，而后就变成左旋，直至蔗糖完全转化，这时左旋角达到最大值 α_∞。

设体系最初的旋光度为：$\alpha_0 = \beta_{反} c_0$（$t=0$，蔗糖尚未转化） (16-5)

体系最终的旋光度为：$\alpha_\infty = \beta_{生} c_0$（$t=\infty$，蔗糖已完全转化） (16-6)

式(16-5) 和式(16-6) 中 $\beta_{反}$ 和 $\beta_{生}$ 分别为反应物与生成物的比例常数。

当时间为 t 时，蔗糖浓度为 c，此时旋光度为 α_t，即

$$\alpha_t = \beta_{反} c + \beta_{生}(c_0 - c) \tag{16-7}$$

由式(16-5)～式(16-7) 联立可解得：

$$c_0 = (\alpha_0 - \alpha_\infty)/(\beta_{反} - \beta_{生}) = \beta'(\alpha_0 - \alpha_\infty) \tag{16-8}$$

$$c = (\alpha_t - \alpha_\infty)/(\beta_{反} - \beta_{生}) = \beta'(\alpha_t - \alpha_\infty) \tag{16-9}$$

将式(16-8)、式(16-9) 代入式(16-2) 可得：

$$\ln(\alpha_t - \alpha_\infty) = -kt + \ln(\alpha_0 - \alpha_\infty) \tag{16-10}$$

显然，以 $\ln(\alpha_t - \alpha_\infty)$ 对 t 作图可得一直线，从直线斜率即可求得反应速率常数 k。

如果测定两个不同温度反应的速率常数 k_1 和 k_2，则可以根据下式求得反应的活化能 E_a。

$$\lg \frac{k_1}{k_2} = \frac{E_a}{2.303R}\left(\frac{1}{T_2} - \frac{1}{T_1}\right) \tag{16-11}$$

式中，E_a 为活化能，$J \cdot mol^{-1}$；R 为气体常数；k_1 和 k_2 分别为温度 T_1 和 T_2 时的反应速率常数。

三、仪器与试剂

仪器：WZZ 型数字式自动旋光仪 1 台；水浴锅 1 台；台秤 1 台；锥形瓶 （150mL） 1 个；移液管 （25mL、50mL） 各 1 支；秒表 1 块。

试剂：蔗糖 （A. R.）；$3mol \cdot dm^{-3}$ HCl 溶液。

四、实验步骤

1. 配制溶液

用台秤粗称蔗糖 10g，放入锥形瓶中，准确移取 50mL 蒸馏水配制成溶液，备用。

2. 旋光仪零点调节

洗净旋光管，将管子一端的盖子旋开，向管内注入蒸馏水，把玻璃片盖好，使管内无气泡存在，再旋紧套盖，勿使漏水。用吸水纸擦净旋光管，再用擦镜纸将管两端的玻璃片擦净。放入旋光仪 （见图 16-1） 暗箱中，盖上槽盖。开启旋光仪电源预热 5min，再开启直流电源开关，待钠光灯稳定后，开启测量开关，光屏应显示值为 00.000，若示值不为 00.000，可按清零键使其归零。

图 16-1　WZZ 型数字式自动旋光仪

3. α_t 的测量

在上述配制的蔗糖水溶液中准确加入 50mL $3mol \cdot dm^{-3}$ HCl 溶液，迅速混匀并注入旋光管中，

在旋光仪中测量 α_t 值，测量中 1～15min 每分钟读取一次数据，15～30min 每两分钟读取一次数据，其后每 3 分钟读取一次 α_t 值（切记测量中不可动清零键）。

4. α_∞ 的测定

将步骤 3 中所余的反应液在 50℃ 下水浴中恒温加热 1h 后降至室温，测其旋光度即为 α_∞（注意：反应液的加热可与 3 步骤同时进行）。

五、实验注意事项

1. 在测定 α_∞ 时，通过加热使反应速率加快转化完全，但加热温度不要超过 60℃。

2. 由于酸对仪器有腐蚀，操作时应特别注意，避免酸液滴漏到仪器上。实验结束后必须将旋光管洗净。

3. 旋光仪中的钠光灯不宜长时间开启，测量间隔较长时应熄灭，以免损坏。

4. 装样时，旋光管管盖旋至不漏液体即可，不要用力过猛，以免压碎玻璃片。

六、数据记录与处理

1. 数据记录

见表 16-1。

室温：_____；大气压：_____；反应温度：_____；α_∞：_____。

表 16-1　数据记录

t/min									
α_t									
t/min									
α_t									

2. 数据处理

（1）根据表 16-1，作出 α_t-t 曲线图。

（2）在 α_t-t 曲线上，等间隔取 10 个 α_t-t 数组，计算 $\alpha_t-\alpha_\infty$ 和 $\ln(\alpha_t-\alpha_\infty)$ 数值，列表如下（表 16-2）。

表 16-2　数据处理

t/min									
α_t									
$\alpha_t-\alpha_\infty$									
$\ln(\alpha_t-\alpha_\infty)$									

以 $\ln(\alpha_t-\alpha_\infty)$ 对 t 作图，由直线斜率求反应速率常数 k 并计算反应半衰期 $t_{1/2}$。

七、思考题

1. 实验中，为什么用蒸馏水来校正旋光仪的零点？在蔗糖水解反应过程中，所测的旋光度是否需要零点校正？为什么？

2. 配制溶液时不够准确，对测量结果是否有影响？

3. 在混合蔗糖溶液和盐酸溶液时，将盐酸加到蔗糖溶液中，可否将蔗糖溶液加到盐酸溶液中？为什么？

八、实验讨论

1. 蔗糖在纯水中水解速率很慢，但在催化剂作用下水解速率会加快，此时反应速率大小不仅与催化剂的种类有关，而且还与催化剂的浓度有关。

2. 本实验旋光率是在室温下测定的，如果温度变化较大，应多次测量取平均值。

实验十七　乙酸乙酯皂化反应速率常数的测定

一、实验目的

1. 掌握电导法测定化学反应速率常数的基本原理。
2. 掌握乙酸乙酯皂化反应速率常数和反应活化能的测定方法。
3. 了解二级反应的特点，学会用图解计算法求出二级反应的速率常数。

二、实验原理

乙酸乙酯的皂化反应是一个典型的二级反应：

$$CH_3COOC_2H_5 + NaOH \longrightarrow CH_3COONa + C_2H_5OH$$

若反应物乙酸乙酯与氢氧化钠的初始浓度相同，如均为 c，则反应速率方程为：

$$\frac{dx}{dt} = k(c-x)^2 \tag{17-1}$$

积分式(17-1) 得：

$$k = \frac{1}{t} \times \frac{x}{c(c-x)} \tag{17-2}$$

式(17-1)、式(17-2) 中，c 为反应物的初始浓度，$mol \cdot dm^{-3}$；x 为反应在 t 时刻生成物的浓度，$mol \cdot dm^{-3}$；k 为反应速率常数，$dm^3 \cdot mol^{-1} \cdot s^{-1}$。

求某温度下的反应速率常数 k，需知该反应过程不同 t 时刻生成物的浓度 x，本实验采用电导法测定 x。

本实验体系是稀水溶液，可以认为 CH_3COONa 是全部电离的，Na^+ 在反应前后浓度不变，OH^- 和 CH_3COO^- 的浓度变化对电导率的影响较大，由于 OH^- 的迁移率是 CH_3COO^- 的 5 倍，所以溶液的电导率随着 OH^- 的消耗而逐渐降低。一定范围内，可认为体系电导率的减少量与 CH_3COONa 的浓度 x 的增加量成正比，即：

$$\kappa_t = \beta_{NaOH}(c-x) + \beta_{NaAc}x \tag{17-3}$$

反应刚开始时，溶液的电导完全由 NaOH 贡献，反应完毕后全部由 NaAc 贡献，即：

$$\kappa_0 = \beta_{NaOH}c \tag{17-4}$$

$$\kappa_\infty = \beta_{NaAc}c \tag{17-5}$$

式(17-3)～式(17-5) 中的 κ_0、κ_t 和 κ_∞ 分别为溶液起始、t 时刻和反应终了时的电导率值；

β 为比例常数。将式(17-2)～式(17-5) 联立并整理得：

$$\kappa_t = \frac{1}{ck} \times \frac{\kappa_0 - \kappa_t}{t} + \kappa_\infty \tag{17-6}$$

从直线方程式(17-6) 可知，只要测得 κ_0 及一组 κ_t 值后，以 κ_t 对 $\frac{\kappa_0 - \kappa_t}{t}$ 作图，应得一条直线，由直线的斜率即可求得反应速率常数 k 值。

反应速率常数 k 与温度 T 的关系一般符合阿仑尼乌斯方程，即

$$\frac{\mathrm{d}\ln k}{\mathrm{d}T} = \frac{E_a}{RT^2} \tag{17-7}$$

积分上式得：

$$\ln k = -\frac{E_a}{RT} + C \tag{17-8}$$

式中，C 为积分常数；E_a 为反应的表观活化能。

显然在不同温度下测定速率常数 k，以 $\ln k$ 对 $1/T$ 作图，应得一直线，由直线的斜率可算出 E_a 值。也可以测定两个温度的速率常数用定积分式计算，即：

$$\ln \frac{k_2}{k_1} = \frac{E_a}{R}\left(\frac{T_2 - T_1}{T_1 T_2}\right) \tag{17-9}$$

三、仪器与试剂

仪器：DDS-11A 型电导率仪 1 台；玻璃恒温水浴槽 1 套；叉形反应管 1 支；移液管 (25mL) 4 支（公用）；试管（50mL）1 支；秒表 1 个。

试剂：$0.0200 \mathrm{mol \cdot dm^{-3}}$ NaOH 溶液；$0.0100 \mathrm{mol \cdot dm^{-3}}$ NaOH 溶液；$0.0200 \mathrm{mol \cdot dm^{-3}}$ $CH_3COOC_2H_5$ 溶液；均为新鲜配制。

四、实验步骤

1. 开启恒温水浴槽电源，将温度调节至 25℃±0.1℃。电导率仪的使用参见实验十二。

2. κ_0 的测量。移取 25mL $0.0100 \mathrm{mol \cdot dm^{-3}}$ NaOH 溶液加入到洗净烘干的一支大试管中，铂黑电极用电导水淋洗三次，再用该溶液淋洗三次后插入大试管（NaOH 溶液能浸没铂黑电极并超出 1cm），放入恒温槽，恒温约 10min。接通电导率仪，测定其电导率，每隔 2min 读一次数据，读取三次。取平均值，即为 κ_0。

进行重复测量时溶液必须更换，两次测量误差必须在允许范围内，否则，要进行第三次测量。

3. κ_t 的测量

(1) 洗净烘干叉形反应管，用电导水洗涤铂黑电极。

(2) 用移液管量取 25.00mL $0.0200 \mathrm{mol \cdot dm^{-3}}$ NaOH 放入侧支管中，用另一支移液管吸取 25.00mL $0.0200 \mathrm{mol \cdot dm^{-3}}$ $CH_3COOC_2H_5$ 注入直支管中，将电极插入叉形反应管的直支管，塞好塞子，放入恒温槽恒温 10min。

(3) 仔细将两溶液混合均匀，并将其全部导入插电极一侧的直支管中。同时开启秒表，记录反应时间。当反应进行 6min 时测电导率一次，并在 9min、12min、15min、20min、25min、30min、35min、40min、50min、60min 时各测电导率各一次，记录电导率 κ_t 及时间 t。

(4) 调节恒温槽温度为 35℃±0.1℃，重复上述步骤测定 κ_0 和 κ_t，但在测定 κ_t 时按照

反应进行 4min、6min、8min、10min、12min、15min、18min、21min、24min、27min、30min 时测其电导率。

4. 实验结束后，关闭电源，取出电极，用蒸馏水冲洗干净。

五、实验注意事项

1. 叉形反应管、移液管、烧杯应洗净、烘干。

2. 使用电导电极时，在插入溶液前或取出溶液后，均需用水冲洗、用滤纸吸干。

3. 实验完成后，关闭所用仪器开关，洗净所用玻璃仪器，做好桌面整洁工作，归还所借的仪器等物品。

六、数据记录与处理

1. 数据记录

见表 17-1。

室温：_____；大气压：_____；κ_0(298.2K)：_____；κ_0(308.2K)：_____。

表 17-1　数据记录

25.0℃				35.0℃			
t/min	κ_t/S·m^{-1}	$(\kappa_0-\kappa_t)$/S·m^{-1}	$(\kappa_0-\kappa_t)/t$	t/min	κ_t/S·m^{-1}	$(\kappa_0-\kappa_t)$/S·m^{-1}	$(\kappa_0-\kappa_t)/t$

2. 数据处理

（1）用图解法分别绘制两温度下的 κ_t-$(\kappa_0-\kappa_t)/t$ 图。

（2）由直线斜率计算反应速率常数 k_1(298.2K) 和 k_2(308.2K)。

（3）由 298.2K、308.2K 所求得的 k_1、k_2 按 Arrhenius 公式计算该反应的活化能 E_a。

七、思考题

1. 如何用实验结果来验证乙酸乙酯皂化反应是二级反应？

2. 乙酸乙酯皂化反应是吸热反应，在实验过程中如何处置这一影响，使实验获得较好效果？

3. 若反应物的初始浓度不同，则实验应如何进行？

八、实验讨论

1. 由于空气中的 CO_2 会溶入电导水和配制的 NaOH 溶液中，而使溶液浓度发生改变。

因此在实验中可用煮沸的电导水，同时可在配好的 NaOH 溶液瓶上装配碱石灰吸收管等方法处理。

2. 由于 $CH_3COOC_2H_5$ 溶液水解缓慢，且水解产物又会部分消耗 NaOH，故所用的溶液必须新鲜配制。

实验十八　丙酮碘化反应速率常数、活化能及反应级数的测定

一、实验目的

1. 了解复合反应的反应机理及其反应速率的近似处理方法。
2. 掌握光度法测定丙酮碘化反应的速率常数及活化能的实验方法。
3. 掌握初始浓度法测定反应级数的基本方法。
4. 进一步熟悉分光光度计的使用方法。

二、实验原理

1. 光度法测定丙酮碘化反应的速率常数

$$CH_3-\overset{O}{\underset{\text{A}}{\overset{\|}{C}}}-CH_3 + I_2 \underset{}{\overset{H^+}{\rightleftharpoons}} CH_3-\overset{O}{\overset{\|}{C}}-CH_2I + I^- + H^+$$
$$\text{E}$$

一般认为该反应按以下两步进行：

$$CH_3-\overset{O}{\overset{\|}{C}}-CH_3 \rightleftharpoons CH_3-\overset{OH}{\overset{|}{C}}=CH_2 \qquad (18\text{-}1)$$
$$\text{A} \qquad\qquad\qquad \text{B}$$

$$CH_3-\overset{OH}{\overset{|}{C}}=CH_2 + I_2 = CH_3-\overset{O}{\overset{\|}{C}}-CH_2I + I^- + H^+ \qquad (18\text{-}2)$$
$$\text{B} \qquad\qquad\qquad \text{E}$$

反应(18-1) 是丙酮的烯醇化反应，它是一个很慢的可逆反应，反应(18-2) 是烯醇的碘化反应，它是一个快速且趋于进行到底的反应。因此，丙酮碘化反应的总速率由丙酮烯醇化反应的速率决定，丙酮烯醇化反应的速率取决于丙酮及氢离子的浓度。如果以碘化丙酮浓度的增加来表示丙酮碘化反应的速率，则此反应的动力学方程式可表示为：

$$\frac{dc_E}{dt} = kc_A c_{H^+} \qquad (18\text{-}3)$$

式中，c_E 为碘化丙酮的浓度；c_{H^+} 为氢离子的浓度；c_A 为丙酮的浓度；k 表示丙酮碘化反应总的速率常数。

由反应(18-2) 可知：

$$\frac{dc_E}{dt} = -\frac{dc_{I_2}}{dt} \tag{18-4}$$

因此，如果测得反应过程中各时刻碘的浓度，就可以求出 dc_E/dt。由于反应体系中除碘以外，其余各物质在可见光区均无明显吸收，因此，可用光度法来测定丙酮碘化反应过程中碘浓度随时间的变化。由于反应并不停留在一元碘代丙酮阶段，会继续进行下去，所以应测定反应开始一段时间碘浓度随时间的变化。若在反应过程中，反应物碘是少量的，丙酮和酸相对过量，则可把丙酮和酸的浓度看作常数，把式(18-3)代入式(18-4)积分得：

$$c_{I_2} = -kc_A c_{H^+} t + B \tag{18-5}$$

由朗伯-比耳（Lambert-Beer）定律知，对于指定波长的入射光，I_2 溶液对单色光的吸收遵守下列关系式：

$$A = \varepsilon d c_{I_2} \tag{18-6}$$

式中，A 为吸光度；d 为比色皿光径长度；ε 为摩尔吸光系数。

将式(18-5)代入式(18-6)得：

$$A = -k\varepsilon d c_A c_{H^+} t + B' \tag{18-7}$$

由 A 对 t 作图可得一直线，直线的斜率为：$-k\varepsilon d c_A c_{H^+}$。式中 εd 可通过测定一已知浓度的碘溶液的吸光度，由式(18-6)求得。当 c_A 与 c_{H^+} 浓度已知时，由直线的斜率可求出反应的总速率常数 k。

2. 丙酮碘化反应活化能的求算

由两个或两个以上温度的速率常数，根据阿仑尼乌斯（Arrhenius）关系式计算反应的活化能。

$$E_a = \frac{RT_1 T_2}{T_2 - T_1} \ln \frac{k_2}{k_1} \tag{18-8}$$

3. 光度法测定丙酮碘化反应的反应级数

用初始浓度法测定反应的级数。根据总反应方程式，可建立如下关系式：

$$V = \frac{dc_E}{dt} = k c_A^\alpha c_{H^+}^\beta c_{I_2}^\gamma$$

式中，α、β、γ 分别表示丙酮、氢离子和碘的反应级数。若保持氢离子和碘的起始浓度不变，只改变丙酮的起始浓度，分别测定在同一温度下的反应速率，由于在同一温度下，各次实验的速率常数 k 相等，则：

$$\frac{V_2}{V_1} = \left(\frac{c'_A}{c_A}\right)^\alpha \qquad \alpha = \lg \frac{V_2}{V_1} / \lg \frac{c'_A}{c_A} \tag{18-9}$$

同理可得 $\qquad \beta = \lg \frac{V_3}{V_1} / \lg \frac{c'_{H^+}}{c_{H^+}} \qquad \gamma = \lg \frac{V_4}{V_1} / \lg \frac{c'_{I_2}}{c_{I_2}} \tag{18-10}$

因此，只要测出各次实验的反应速率，在浓度比已知的情况下，就可以由式(18-9)、式(18-10)分别求出反应级数 α、β、γ。

三、仪器与试剂

仪器：分光光度计 1 套；容量瓶（50mL）6 只；超级恒温槽 1 台；比色皿 2 个；移液管（10mL、25mL）3 只、1 只；秒表 1 块。

试剂：$0.0300\,mol \cdot dm^{-3}$ 碘标准溶液（含 4% KI）；$1.0000\,mol \cdot dm^{-3}$ HCl 标准溶液；$2.0000\,mol \cdot dm^{-3}$ 丙酮标准溶液。

四、实验步骤

1.仪器准备。开启分光光度计，并将波长调节到 565nm，并接通恒温水浴，恒温 25.0℃。

2.I_2 溶液吸光度测定。取一个洁净、干燥的 50mL 容量瓶，用移液管移入 5mL I_2 标准溶液，用蒸馏水稀释至刻度，然后将容量瓶放在恒温槽中恒温 10min，用 I_2 标准溶液荡洗比色皿 3 次后注入适量该溶液，按分光光度计使用说明"操作步骤"的要求，测定其吸光度，以蒸馏水作参比溶液。

3.反应过程吸光度测定。取 4 个编号为 1~4 的洁净、干燥 50mL 容量瓶，用移液管按表 18-1 的用量，依次移取 I_2 标准溶液、HCl 标准溶液和蒸馏水，塞好瓶塞，将其充分混合。另取一洁净、干燥的 50mL 容量瓶，注入浓度为 2.000mol·dm^{-3} 的 CH_3COCH_3 标准溶液约 45mL，然后将它们一起放在恒温槽中恒温 10min。取 1 号瓶，用移液管加入 CH_3COCH_3 标准溶液 5mL，迅速摇匀，用此溶液荡洗比色皿 3 次后注入适量该溶液，同时按下秒表，测定吸光度。每隔 2min 读一次吸光度，直到取得 10~12 个数据为止。用同样的方法分别测定 2、3、4 号溶液在不同反应时间的吸光度。每次测定之前，均以蒸馏水作参比溶液。

表 18-1　溶液配比

编号	I_2 标准溶液/mL	HCl 标准溶液/mL	蒸馏水/mL	CH_3COCH_3 标准溶液/mL	编号	I_2 标准溶液/mL	HCl 标准溶液/mL	蒸馏水/mL	CH_3COCH_3 标准溶液/mL
1	5	5	35	5	3	5	10	30	5
2	5	5	30	10	4	10	5	30	5

4.将恒温槽的温度升高到 30.0℃，重复上述操作 2、3。

五、实验注意事项

1.温度影响反应速率常数，实验时体系始终要恒温。

2.由于碘液见光分解，故从溶液配制到测量应尽量迅速。

3.比色皿的位置不得变化。

六、数据记录与处理

1.数据记录

见表 18-2。

室温：_____；大气压：_____；恒温槽温度：_____；
丙酮标准液浓度：_____；碘标准液浓度：_____；HCl 标准液浓度：_____。

表 18-2　数据记录

A					
1					
2					
3					
4					

2. 数据处理

（1）由实验步骤 2、4 中测得的数据，按式(18-6) 分别计算 25.0℃和 30.0℃ εd 值。

（2）由实验步骤 3 中测得的数据，分别以 A 对 t 作图，得到四条直线。由直线斜率，按式(18-7) 可求出 25.0℃时丙酮碘化反应的总速率常数 k。按式(18-9)、式(18-10) 可求出丙酮碘化反应的反应级数 α，β，γ。

（3）由实验步骤 4 中测得的数据，分别以 A 对 t 作图，得到四条直线。由直线斜率，按式(18-7) 可求出 30.0℃时丙酮碘化反应的总速率常数 k。

（4）由 25.0℃和 30.0℃的总速率常数 k，按式(18-8) 求出丙酮碘化反应的活化能。

七、思考题

1. 将丙酮溶液加到盐酸和碘的混合液中，若没有立即计时，而是当混合物稀释至 50mL，倒入比色皿测透光率时才开始计时，这样做是否影响实验结果？为什么？

2. 影响本实验结果的主要因素是什么？

八、实验讨论

虽然在反应(18-1) 和 (18-2) 中，从表观上看除 I_2 外没有其他物质吸收可见光，但实际上，反应体系中却还存在着一个次要反应，即在溶液中存在着 I_2、I^- 和 I_3^- 的平衡：

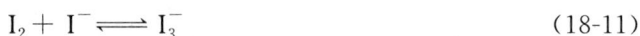

$$I_2 + I^- \rightleftharpoons I_3^- \tag{18-11}$$

其中 I_2 和 I_3^- 都吸收可见光。因此反应体系的吸光度不仅取决于 I_2 的浓度，而且与 I_3^- 的浓度有关。根据朗伯-比尔定律知，含有 I_3^- 和 I_2 的溶液的总吸光度 A 可以表示为 I_3^- 和 I_2 两部分吸光度之和

$$A = A_{I_2} + A_{I_3^-} = \varepsilon_{I_2} d c_{I_2} + \varepsilon_{I_3^-} d c_{I_3^-} \tag{18-12}$$

而摩尔吸光系数 ε_{I_2} 和 $\varepsilon_{I_3^-}$ 是入射光波长的函数。在特定条件下，即波长 $\lambda = 565nm$ 时 $\varepsilon_{I_2} = \varepsilon_{I_3^-}$，所以式(18-12) 就可变为

$$A = \varepsilon_{I_2} d (c_{I_2} + c_{I_3^-}) \tag{18-13}$$

也就是说，在 565nm 这一特定的波长条件下，溶液的吸光度 A 与总碘量 （$I_2 + I_3^-$） 成正比。所以本实验必须选择工作波长为 565nm。

实验十九　BZ 振荡反应

一、实验目的

1. 了解 Belousov-Zhabotinski 反应（简称 BZ 反应）的基本原理及研究化学振荡反应的方法。

2. 掌握在硫酸介质中以金属铈离子作催化剂时，丙二酸被溴酸氧化的基本原理。

3. 了解化学振荡反应的电势测定方法。

4. 掌握用计算机软件进行振荡反应实验的基本操作。

二、实验原理

1. 化学振荡反应

有些自催化反应有可能使反应体系中某些物质的浓度随时间（或空间）发生周期性的变化，这类反应称为化学振荡反应。

最著名的化学振荡反应是 1959 年首先由别诺索夫（Belousov）观察发现，随后柴波廷斯基（Zhabotinski）继续了该反应的研究。他们报道了以金属铈离子作催化剂时，柠檬酸被 $HBrO_3$ 氧化可发生化学振荡现象，后来又发现了一批溴酸盐的类似反应，人们把这类反应称为 BZ 振荡反应。例如丙二酸在溶有硫酸铈的酸性溶液中被溴酸钾氧化的反应就是一个典型的 BZ 振荡反应。

2. BZ 振荡反应机理

1972 年，R. J. Fiela，E. Koros，R. Noyes 等人通过实验对上述振荡反应进行了深入研究，提出了 FKN 机理，反应由三个主过程组成。

过程 A：

（1）$Br^- + BrO_3^- + 2H^+ \Longrightarrow HBrO_2 + HBrO$ （慢）

（2）$Br^- + HBrO_2 + H^+ \Longrightarrow 2HBrO$ （快）

过程 B：

（3）$HBrO_2 + BrO_3^- + H^+ \Longrightarrow 2BrO_2^- + H_2O$ （慢）

（4）$BrO_2^- + Ce^{3+} + H^+ \Longrightarrow HBrO_2 + Ce^{4+}$ （快，瞬间完成）

（5）$2HBrO_2 \Longrightarrow BrO_3^- + H^+ + HBrO$

过程 C：

（6）$4Ce^{4+} + BrCH(COOH)_2 + H_2O + HBrO \Longrightarrow 2Br^- + 4Ce^{3+} + 3CO_2 + 6H^+$

过程 A 是消耗 Br^-，产生能进一步反应的 $HBrO_2$、$HBrO$ 为中间产物。

过程 B 是一个自催化过程，在 Br^- 消耗到一定程度后，$HBrO_2$ 才按（3）、（4）进行反应，并使反应不断加速，与此同时，Ce^{3+} 被氧化为 Ce^{4+}。$HBrO_2$ 的累积还受到（5）的制约。

过程 C 为溴代丙二酸 $BrCH(COOH)_2$ 与 Ce^{4+} 反应生成 Br^-，Ce^{4+} 还原为 Ce^{3+}。

过程 C 对化学振荡非常重要，如果只有 A 和 B，就是一般的自催化反应，进行一次就完成了，正是 C 的存在，以丙二酸的消耗为代价，重新得到 Br^- 和 Ce^{3+}，反应得以再启动，形成周期性的振荡。

该体系的总反应为：

$$3H^+ + 3BrO_3^- + 5CH_2(COOH)_2 \xrightarrow{Ce^{4+}/Ce^{3+}} 3BrCH(COOH)_2 + 4CO_2 + 5H_2O + 2HCOOH$$

振荡的控制离子是 Br^-。

由上述可见，产生化学振荡需满足三个条件。

（1）反应必须远离平衡态。化学振荡只有在远离平衡态，具有很大的不可逆程度时才能发生。在封闭体系中振荡是衰减的，在敞开体系中，可以长期持续振荡。

（2）反应历程中应包含有自催化的步骤。产物之所以能加速反应，因为是自催化反应，如过程 A 中的产物 $HBrO_2$ 同时又是反应物。

（3）体系必须有两个稳态存在，即具有双稳定性。

3. 化学振荡现象测定方法

化学振荡体系的振荡现象可以通过多种方法观察到，如观察溶液颜色的变化，测定吸光度随时间的变化，测定电势随时间的变化等。

本实验体系中两种离子（Br^- 和 Ce^{3+}）的浓度发生周期性的变化，其变化的过程实际上均为氧化还原反应，因而可以设计成电极反应，而电极电势的大小与产生氧化还原物质的浓度有关。故可以以甘汞电极为参比电极，与 Br^- 选择性电极（测定 Br^- 浓度的变化）或氧化还原电极 Ce^{3+}，Ce^{4+}/Pt 电极（可测定 Ce^{3+} 浓度的变化）构成电池，测定反应过程中电池电动势的变化，以表征 Br^- 和 Ce^{3+} 两种离子的浓度变化。

本实验采用饱和甘汞电极为参比电极，铂电极为导电电极，与溶液中的 Ce^{4+}/Ce^{3+} 构成氧化还原电极，此时：

$$\varphi_{Ce^{4+}/Ce^{3+}} = \varphi^{\ominus} + \frac{RT}{zF}\ln\frac{[Ce^{4+}]}{[Ce^{3+}]} \tag{19-1}$$

所构成电池的电动势：

$$E = \varphi_{Ce^{4+}/Ce^{3+}} - \varphi_{甘汞} \tag{19-2}$$

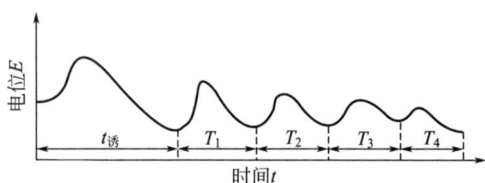

图 19-1　E-t 图

记录电池电动势（E）随时间（t）变化的 E-t 曲线，观察 BZ 振荡反应。测定不同温度下的诱导时间 $t_诱$ 和振荡周期 $t_振$，进而研究温度对振荡过程的影响（图 19-1）。

由文献可知，诱导时间 $t_诱$ 和振荡周期 $t_振$ 与其相应的活化能之间存在如下关系：

$$\ln\frac{1}{t_诱} = -\frac{E_诱}{RT} + C \tag{19-3}$$

$$\ln\frac{1}{t_振} = -\frac{E_振}{RT} + C \tag{19-4}$$

分别以 $\ln\frac{1}{t_诱}$、$\ln\frac{1}{t_振}$ 对 $1/T$ 作图，可得直线，直线斜率 k 为：

$$k = -\frac{E}{R} \tag{19-5}$$

由式(19-3)、式(19-4) 可以计算诱导活化能 $E_诱$ 和振荡活化能 $E_振$。

三、仪器与试剂

仪器：恒温反应器（50mL）1 只；超级恒温槽 1 台；磁力搅拌器 1 台；BZ 振荡计算机数据采集系统一套。

试剂：丙二酸（A.R.）；溴酸钾（A.R.）；硫酸铈铵（A.R.）；浓硫酸（A.R.）。

四、实验步骤

1. 配制溶液。丙二酸 $0.45mol \cdot dm^{-3}$，溴酸钾 $0.25mol \cdot dm^{-3}$，硫酸铈铵 4×10^{-3} $mol \cdot dm^{-3}$，硫酸 $3.00mol \cdot dm^{-3}$。

2. 仪器准备。连接好仪器，打开超级恒温槽，将温度调节到 $25.0℃ \pm 0.1℃$，打开循环泵。按实验装置图（图 19-2）连接好仪器，打开 BZ 振荡反应数据接口装置电源。

在恒温反应器中加入已配好的丙二酸溶液 15mL、溴酸钾溶液 15mL、硫酸溶液 15mL

后，调节好磁力搅拌器速度，恒温 5min。恒温过程中打开计算机，运行 BZ 振荡反应实验软件，进入主菜单。

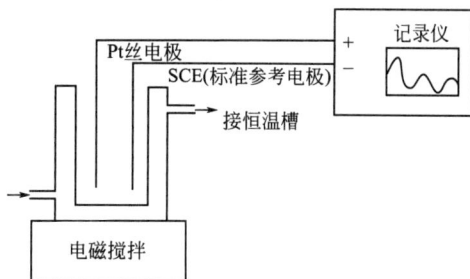

图 19-2　BZ 反应实验装置图

3. 参数设置。进入参数设置菜单，横坐标：1000s，纵坐标：1200mV，零点：700mV，起波阈值 6mV。

4. 开始实验。进入开始实验菜单，当系统出现提示后，按下开始实验键，根据提示输入 BZ 振荡反应即时数据存储文件名，加入硫酸铈铵溶液 15mL 后按 "OK" 键进行实验，观察溶液的颜色变化，同时记录相应的电势-时间曲线。

5. 用上述方法改变温度为 30.0℃、35.0℃、40.0℃、45.0℃、50.0℃，重复上述实验。

五、实验注意事项

1. 实验所用试剂均需用不含 Cl^- 的去离子水配制，而且参比电极不能直接使用甘汞电极。若用 217 型甘汞电极时，要用 $1mol \cdot dm^{-3}$ H_2SO_4 作液接，可用硫酸亚汞参比电极，也可使用双盐桥甘汞电极，外面夹套中充饱和 KNO_3 溶液，这是因为其中所含 Cl^- 会抑制振荡的发生和持续。

2. 配制 $4 \times 10^{-3} mol \cdot dm^{-3}$ 的硫酸铈铵溶液时，一定在 $0.20mol \cdot dm^{-3}$ 硫酸介质中配制，防止发生水解呈浑浊。

3. 实验中溴酸钾试剂纯度要求高，所使用的反应容器一定要冲洗干净，磁力搅拌器中转子位置及速度都必须加以控制。

4. 实验开始后如果不出现信号，一定检查电极是否接反，电极接触是否不好。

5. 溶液要按顺序加到恒温夹套内。

6. 搅拌速率不能太快。

六、数据记录与处理

1. 从 E-t 曲线中得到诱导期和第一、二振荡周期。

2. 根据 $t_{诱}$、$t_{1振}$、$t_{2振}$ 和 T 的数据，作 $\ln(1/t_{诱})$-$1/T$、$\ln(1/t_{1振})$-$1/T$ 和 $\ln(1/t_{2振})$-$1/T$ 图，由直线的斜率求出表观活化能 $E_{诱}$、$E_{1振}$ 和 $E_{2振}$。

七、思考题

1. 影响诱导期和振荡周期的主要因素有哪些？

2. 本实验记录的电势主要代表什么？与 Nernst 方程求得的电势有何不同？

3. 在 BZ 振荡反应试验中，是通过测定什么数据来观察反应的振荡现象的？

八、实验讨论

1. 本实验中各个组分的混合顺序对系统的振荡行为有一定的影响，因此实验中应固定试剂的加入顺序，先加入丙二酸、硫酸、溴酸钾，最后加入硫酸铈铵。振荡周期除受温度影响之外，还可能与各反应物的浓度有关。

2. 本实验是在一个封闭体系中进行的，所以振荡波逐渐衰减。若把实验放在敞开体系中进行，则振荡波可以持续不断地进行，并且周期和振幅保持不变。

3. 本实验也可以通过替换体系中的成分来实现，如将丙二酸换成焦性没食子酸、各种氨基酸等有机酸，如用碘酸盐、氯酸盐等替换溴酸盐，又如用锰离子、亚铁邻菲罗啉离子或铬离子代换铈离子等来进行实验，都可以发生振荡现象，但振荡波形、诱导期、振荡周期、振幅等都会发生变化。

实验二十 最大泡压法测定溶液的表面张力

一、实验目的

1. 了解表面自由能、表面张力的意义及表面张力与吸附的关系。
2. 掌握最大泡压法测定表面张力的原理和技术。
3. 学会以镜面法作切线，并利用吉布斯吸附公式计算不同浓度正丁醇水溶液的表面吸附量。

二、实验原理

1. 溶液的表面吸附

物质的表面都有表面张力，表面张力是物质的表面产生各种表面现象的根本原因。对于液体来说，其表面积都有自动缩小的趋势。若要扩张表面积，就需要外力对系统做表面功 W_r'，表面功与系统增加的表面积 ΔA 成正比：

$$W_r' = \gamma \Delta A \tag{20-1}$$

在恒温恒压的条件下，比例系数 γ 为定值，是该液体增加单位表面积时外力所消耗的表面功，即称为表面张力，单位为 $J \cdot m^{-2}$。当过程可逆时，外力对系统所做的表面功全部转化为表面能储存在表面，因此表面张力也即是单位表面自由能。γ 亦可看作为液体表面收缩时对液体表面的边界产生的单位长度的紧缩力，此时单位为 $N \cdot m^{-1}$。

对于溶液来说，由于溶剂与溶质的表面张力不同，加入溶质会使溶剂的表面张力发生变化。当溶质能降低溶剂的表面张力时，溶质在表面层的浓度会比溶液内部的浓度高；反之，表面层的浓度比内部的低。这种表面层浓度与溶液本体浓度不同的现象称为溶液的表面吸附。溶液表面层浓度与本体浓度的差越大，溶液的表面吸附量也越大。表面吸附量用 Γ 表示，单位为 $mol \cdot m^{-2}$。在指定的温度和压力下，表面吸附量与溶液的表面张力 γ 及溶液本体浓度 c 之间的关系遵守吉布斯（Gibbs）吸附方程：

$$\Gamma = -\frac{c}{RT}\left(\frac{d\gamma}{dc}\right)_T \tag{20-2}$$

式中，Γ 为吸附量，$mol \cdot m^{-2}$；γ 为表面张力，$N \cdot m^{-1}$；T 为热力学温度，K；c 为溶液浓度，$mol \cdot m^{-3}$；R 为摩尔气体常数，$8.314 J \cdot mol^{-1} \cdot K^{-1}$。

当 $\left(\frac{d\gamma}{dc}\right)_T < 0$ 时，$\Gamma > 0$，称为正吸附；反之，当 $\left(\frac{d\gamma}{dc}\right)_T > 0$ 时，$\Gamma < 0$，称为负吸附。

溶液本体浓度不同，溶液的表面张力也不同。对于正丁醇水溶液来说，浓度越大，溶液的表面张力越小。本实验测定室温下不同浓度正丁醇水溶液的表面张力，并以 $\gamma\text{-}c$ 作图，可得如图 20-1 的曲线关系。在曲线上作不同浓度下的切线，可得不同浓度所对应的斜率 $\left(\dfrac{\mathrm{d}\gamma}{\mathrm{d}c}\right)_T$，将其代入式（20-2），即可求出不同浓度溶液的表面吸附量 Γ。具体方法是：在图 20-1 中，过曲线的 a 点（相应浓度为 c_1）作曲线的切线，并过 a 点作平行于 c 轴的直线，由图可见，$-\dfrac{Z}{c_1}=\dfrac{\mathrm{d}\gamma}{\mathrm{d}c}$，所以 $Z=$

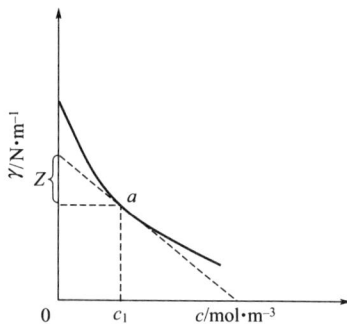

图 20-1　$\gamma=f(c)$ 等温曲线

$-c_1\dfrac{\mathrm{d}\gamma}{\mathrm{d}c}$。由式（20-2）可知，$\Gamma=\dfrac{Z}{RT}$。在曲线 $\gamma\text{-}c$ 上取不同点，即可作出 $\Gamma\text{-}c$ 曲线。

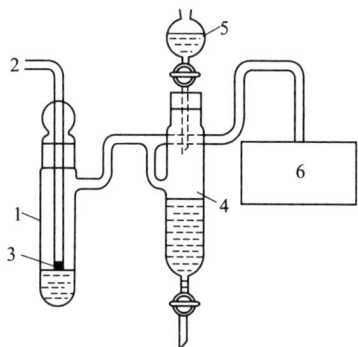

图 20-2　测定表面张力的装置

1—表面张力仪；2—玻璃管；3—毛细管；
4—减压瓶；5—分液漏斗；6—微压差计

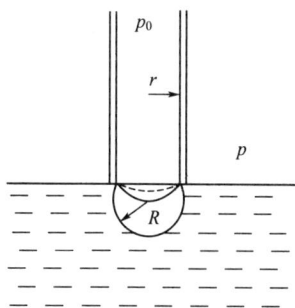

图 20-3　半径和压力的关系

2. 最大泡压法测表面张力

如图 20-2，分别将不同浓度的正丁醇水溶液装入表面张力仪 1 中，毛细管 3 的端面与液面相切，液面即沿毛细管上升，打开减压瓶 4 的活塞进行缓慢的减压，使毛细管内溶液面上的压力 p_0 大于 1 瓶中液面上的压力 p，如图 20-3，就会有气泡从毛细管口逸出。p_0 与 p 的差为附加压力 Δp。Δp 可由微压差计 6 测出。由拉普拉斯方程可知：

$$\Delta p=\frac{2\gamma}{R} \tag{20-3}$$

式中，R 为气泡的曲率半径。温度与浓度一定时，γ 一定。Δp 与 R 成反比。当气泡开始形成时，曲率半径最大；在气泡逐渐形成的过程中，曲率半径开始逐渐变小，当气泡形成半球形时，曲率半径 R 最小，并和毛细管半径 r 相等，此时 Δp 最大。气泡进一步长大时，R 逐渐增大，Δp 则变小，直到气泡逸出。

根据式（20-3），$R=r$ 时的最大附加压力为：

$$\Delta p_{\max}=\frac{2\gamma}{r} \tag{20-4}$$

式中，$\Delta p_{\max}$ 由微压差计测出，因此只要测出毛细管半径 r，即可测出指定浓度溶液的表面张力 γ。在实验中，不需要直接测量 r。如果选用表面张力已知的液体作为参比液，对于同一只表面张力仪，分别测定参比液与待测溶液的最大附加压力，然后通过对比计算可以约去毛细管半径 r，求出待测溶液的表面张力：

$$\frac{\gamma_{参比}}{\gamma_{待测}} = \frac{\Delta p_{max,参比}}{\Delta p_{max,待测}} \tag{20-5}$$

本实验以蒸馏水为参比液，实验温度下的 $\gamma_{水}$ 通过查表得到，再测定不同浓度的正丁醇水溶液的最大附加压力值，则正丁醇水溶液的表面张力为：

$$\gamma_{待测} = \frac{\Delta p_{max,待测}}{\Delta p_{max,水}} \gamma_{水} \tag{20-6}$$

为准确测量正丁醇溶液的浓度，应使用阿贝折光仪分别测出各待测溶液的折射率，从浓度-折射率的标准曲线（实验室已做出）上用内插法得其浓度。

三、仪器与试剂

仪器：表面张力仪 1 套；微气压计 1 台；小烧杯 1 只；胶头滴管 1 支；恒温槽 1 套；阿贝折光仪 1 台。

试剂：去离子水；$0.020mol \cdot dm^{-3}$，$0.025mol \cdot dm^{-3}$，$0.030mol \cdot dm^{-3}$，$0.040mol \cdot dm^{-3}$，$0.050mol \cdot dm^{-3}$，$0.070mol \cdot dm^{-3}$，$0.100mol \cdot dm^{-3}$，$0.150mol \cdot dm^{-3}$ 的正丁醇溶液。

四、实验步骤

1. 调节恒温槽温度为 25.0℃±0.1℃。

2. 按图所示装置好仪器，将毛细管及试样管用蒸馏水清洗三次，试样管加入适量蒸馏水。插入毛细管，调节毛细管的下端面恰好与试样管内液面垂直相切，然后将 1 置入 25.0℃的恒温槽中恒温 10min。

3. 在减压管上端活塞打开通大气时，压差计采零，再关闭通大气活塞，这时慢慢打开减压管中的下端活塞，使系统内的压力降低，测定管中即有气泡冒出，调节放水速度，以控制气泡逸出速度，使气泡由毛细管尖端成单泡逸出，且每个气泡形成的时间为 10s～20s。读取压力计上显示的压力的最大绝对值，连续读取三次，求平均值。

4. 将试样管中纯水倒掉，按照步骤（2）、（3）的方法，由稀到浓依次测定不同浓度的正丁醇溶液的最大压差值。每次更换溶液时需用待测试样溶液按少量多次的原则清洗毛细管及试样管。

五、实验注意事项

1. 本实验所得结果准确与否的关键在于表面张力仪中的毛细管是否洁净。应先用洗液浸泡，然后用蒸馏水冲净。

2. 毛细管的端面与水面应相切，即为欲离而又实际未离为准。

3. 记录三个气泡读数时，应选单独逸出的气泡，不要选连在一起逸出的气泡。

六、数据记录与处理

1. 数据记录见表 20-1。

2. 已知 25℃时水的表面张力，利用式（20-6）计算不同浓度正丁醇水溶液的表面张力 γ，且将 γ 值填入表 20-1，并且作出 γ-c 图。

表 20-1　数据记录

样品号	折射率	质量分数 w /%	压力计读数/kPa			平均值 /kPa	表面张力 γ/N·m^{-1}	吸附量 Γ/mol·m^{-2}
			1	2	3			
水								
1 号样								
2 号样								
3 号样								
4 号样								
5 号样								
6 号样								
7 号样								
8 号样								

3. 在 $\gamma\text{-}c$ 曲线上取 15 个点，分别作出切线，求得 Z 值。

4. 根据 Gibbs 吸附方程 $\Gamma = \dfrac{-c}{RT}\left(\dfrac{\mathrm{d}\gamma}{\mathrm{d}c}\right)_T = \dfrac{Z}{RT}$ 求各浓度的吸附量，且将吸附量 Γ 值填入表 20-1，并且作出吸附量 Γ 与浓度 c 的关系曲线。

七、思考题

1. 仪器的清洁与否对所测数据有何影响？

2. 设一毛细管插入水中，管内液面可以上升至一定高度，如一定高度处把毛细管向下弯，则水会滴下吗？若能滴下来，能否据此设计一架永动机？

3. 最大泡压法测定表面张力时为什么要读最大压力差？如果气泡逸出得很快，或几个气泡同时逸出，对实验结果有无影响？

八、实验讨论

1. 如果毛细管下端浸入液体内部的高度为 h，则气泡还受到液柱的静压力 $\rho g h$，其中 ρ 为待测溶液的密度。此时作用于毛细管中液体的压力为 $\Delta p_{\max} - \rho g h$，故式（20-4）应改为：$\gamma = \dfrac{r}{2}(\Delta p_{\max} - \rho g h)$。

2. 如果室温和液温的差别不大，则不控制恒温对结果影响不大，室温及液温的差别小于 5℃时，由此而测定的表面张力的偏差不大于 1%。

实验二十一　用接触角张力仪测定表面张力、界面张力和接触角

一、实验目的

1. 了解脱环法（Du Noüy 法）和吊片法（Wihelmy 法）的原理和方法。

2. 学会使用接触角张力仪 CCA-100。

3. 学会用仪器配套软件进行接触角和固体表面自由能的计算。

二、实验原理

测定表面张力、界面张力和接触角的实验方法很多，接触角张力仪 CCA-100 是基于脱环法（Du Noüy 法）或吊片法（Wihelmy 法）进行工作的。

1. 脱环法

脱环法测量液体表面张力和界面张力的原理如图 21-1 所示，它是利用天平吊一个环，测量环从液体表面或界面拉脱时所需的力，即拉脱力，此力与表面或界面张力的关系式为：

$$\gamma = \frac{\beta F}{4\pi R} \tag{21-1}$$

式(21-1) 中，F 是作用于环上的拉力；R 是环的平均半径；β 是校正因子。

为了保证接触角为零，即接触角固定不变，应当把铂环认真清洗或经过灼烧才能使用。开始测试时，要让环平躺在静止的液面上。如果要测界面张力，则下层液体应该对环有更好的润湿性（例如，当苯在水上，使用一个干净的铂环即可；但当水在 CCl_4 上时，环就必须是憎水性的才合适）。

校正因子 β 考虑了环在拉脱位置上所受到的非垂直方向上的表面张力以及与环接触处液体的复杂形状的影响，因此，β 值既取决于环的尺寸，也和界面性质有关。β 值表已经由哈金斯（Harkins）和岳丹（Jordan）制出备查。也可用楚德马（Zuidema）和瓦特斯（Waters）的方程式计算。

$$(\beta - a)^2 = \frac{4b}{\pi^2} \times \frac{1}{R^2} \times \frac{F}{4\pi R(\rho_1 - \rho_2)} + c \tag{21-2}$$

式(21-2) 中，ρ_1 和 ρ_2 分别是下层液相和上层液相的密度；$a = 0.7250$，$b = 0.09075 \text{s} \cdot \text{m}^{-1}$（$a$、$b$ 值对所有的环都相同）；$c = 0.04534 - 1.679r/R$；r 是环丝的半径；R 是环的半径。

2. 吊片法

吊片法的原理实际与脱环法相似，如图 21-2 所示，它是测定从液面拉脱吊片时的最大拉力。当吊片（一般是经打毛的铂片）的底边平行液面并刚好接触液面时的拉力，此法具有完全平衡的特点。这时沿吊片周边作用的力 f 为

$$f = 2(x + y)\gamma \tag{21-3}$$

式(21-3) 中，x 及 y 分别代表吊片的宽度和厚度；$2(x+y)$ 为吊片周长，也可看作仪器常数。

吊片法的使用条件是接触角等于零。如果接触角大于零，则可利用式(21-4) 计算接触角数值。

$$W = P\gamma_{LV}\cos\theta - V\rho g \tag{21-4}$$

式(21-4) 中，W 为吊片（即所测固体样品）所受之力；P 为吊片周长；V 为吊片伸入液面下的体积；ρ 是液体密度；$V\rho g$ 为浮力校正项。改变吊片插入液面下的深度测定 W，以 W 对吊片插入液面下的深度作图，外推到深度为零，得

$$W = P\gamma_{LV}\cos\theta \tag{21-5}$$

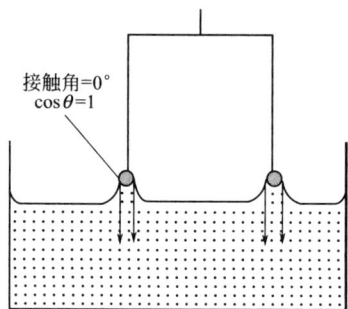

图 21-1　Du Noüy 法示意图　　　　　图 21-2　Wihelmy 法示意图

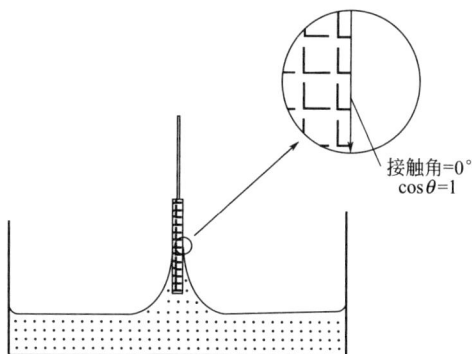

若液体表面张力已知，即可计算 θ。如图 21-3 所示，在吊片下降时测定吊片所受之力，则测得的接触角为前进角，反之为后退角。两者之差称为接触角的滞后效应。

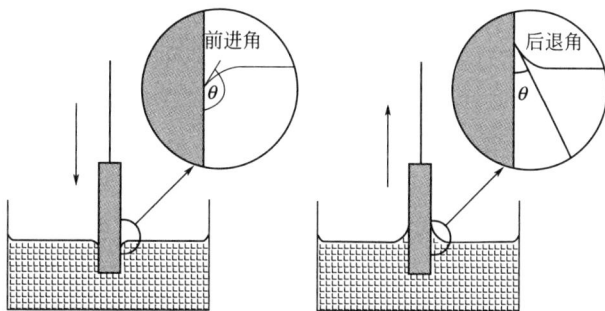

图 21-3　Wihelmy 法中的前进角和后退角

接触角张力仪 CCA-100 的测量头是一个精密复杂的力天平系统，测量时将环或吊片插入与之相连，天平将会自动清零，所以测量中不必考虑环和吊片的重力，测量中环或吊片所受的力将由仪器软件自动处理显示出来。

本实验使用接触角张力仪 CCA-100 测定室温下蒸馏水的表面张力、蒸馏水和液体石蜡的界面张力、室温下空气-自制固体样品-蒸馏水三相体系的接触角，并计算出固体的表面自由能。

三、仪器与试剂

仪器：接触角张力仪 CCA-100；金属环、铂片、样品夹及样品池各 1 件；计算机 1 台；酒精灯 1 个；镊子 1 把；药棉。

试剂：蒸馏水；液体石蜡；自制固体样品；无水乙醇。

四、实验步骤

1. 仪器开启之前，通过调节仪器底部的水准调节脚使仪器至水平。

2. 开启接触角张力仪电源，打开电脑，打开其配套软件，点击"Sample Measurement"菜单，进入如图 21-4 所示的"Measurement Setup"窗口。金属环、铂片和样品池使用前都必须认真清洗后方可使用，具体清洗方法见本实验附录 2。

3. 在"Measurement Setup"窗口中选择"Surface-Tension"标签，选择使用环或铂片

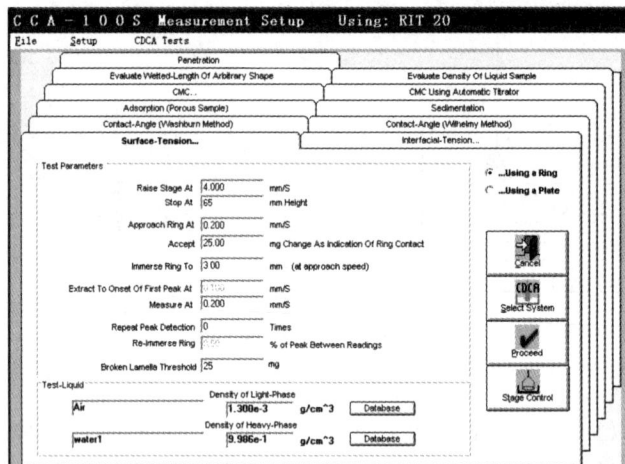

图 21-4 "Measurement Setup" 窗口

测量，本实验使用吊片法来测量室温下蒸馏水的表面张力，所以在此标签下选择"Using a Plate"，在仪器固定装置中插入铂片，插入时必须使吊片的底边与待测液体相平。将蒸馏水装入样品池后放入样品台中，关闭测量平台的门。

4. 在"Surface-Tension"标签下填写相关测量参数，然后点击"Proceed"按钮，出现如图 21-5 所示的"Surface-Tension Using A Plate"窗口，点击"Start"按钮，测量开始，测量数据自动保存到默认文件夹下，并在下面的作图区作出相关的图形。

5. 测量完成后，记录下测试的温度和所测样品的表面张力，点击图 21-5 所示窗口中的"Stage Control"按钮，使样品台回到初始位置。点击"Exit"按钮，退出表面张力的测定。

6. 将样品池、铂片清洗后，在图 21-4 所示的"Measurement Setup"窗口中分别选择"Interfacial-Tension"或"Contact-Angle"标签，进行蒸馏水与液体石蜡界面张力和空气-自制固体样品-蒸馏水三相体系的接触角的测量，测量步骤基本同上。

7. 实验结束后，清洁样品池、金属环和铂片，并将它们放入工具盒，清洁测量平台，关闭平台的门，退出应用程序软件，关闭仪器电源。

五、实验注意事项

1. 为了保护接触角张力仪的精密部件——电子天平，实验台应保持平稳，实验过程中应避免引起台面或仪器的振动和晃动，实验中插入环、铂片或样品夹时动作要轻缓。

2. 实验中应保持金属环、铂片、样品池和固体样品的清洁，否则对测量的结果影响较大。

3. 金属环和铂片插入仪器的测量头时，必须使环面和铂片的底边与待测液体相平，否则测量误差较大。

4. 脱环法测量液体的表面张力，必须已知待测液体的密度，对于常见液体的密度，软件提供了数据库，对于数据库中没有的液体密度，须事先查出或测出。

5. 接触角的测量中，须事先测出样品参数，比如薄的长方体样品，须测出其宽度和厚度。输入样品参数，系统会根据此参数自动算出其润湿周长。

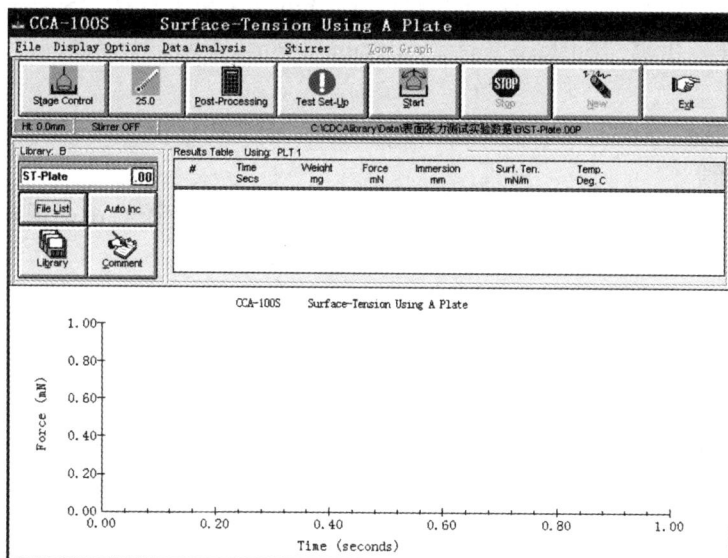

图 21-5　"Surface-Tension Using A Plate"窗口

六、数据记录与处理

1. 数据记录

实验温度：_____；大气压：_____。

2. 数据处理

（1）接触角的计算　正如实验原理中所说明的一样，软件给出的是样品所受力与样品浸入液体深度的关系图，需利用软件进一步处理计算出接触角，在图 21-5 所示窗口的"Post-Processing"菜单下，选择"Fitted-Line"子菜单，将图形拟合后，再选择"Calculated"子菜单，软件会自动计算出接触角。根据此数值判断蒸馏水对自制固体样品的润湿性能。图 21-6 为一示例。

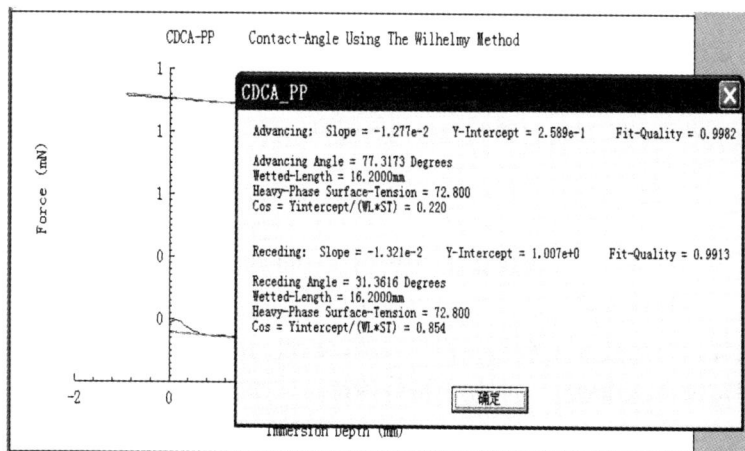

图 21-6　Contact-Angle 的计算

（2）利用系统软件进行固体表面自由能的计算（选做）　固体样品表面自由能的计算，

在图 21-4 所示的 "Measurement Setup" 窗口的 "File" 菜单下选择 "Surface Energy Computation" 子菜单，出现 "Surface Energy Computation" 窗口，导入数据，软件进行自动计算。

七、思考题

1. 将蒸馏水在此温度下的表面张力的文献值、最大泡压法实验中的测量值和本次实验所得数据三者比较，分析原因。见表 21-1。

表 21-1　所得数据比较

蒸馏水的表面张力	蒸馏水和液体石蜡油的界面张力	空气-自制固体样品-蒸馏水三相体系的接触角	固体表面自由能

2. 你认为对表面张力、界面张力和接触角的测量影响的因素有哪些？

八、实验讨论

1. 表 21-2 比较了各种测定表面张力的方法，由于脱环法的表面平衡不好，因此本实验中选用吊片法，测出的值比脱环法测出的值更接近于真实值。

表 21-2　各种测定表面张力方法的比较

方法名称	表面平衡情况	与润湿性的关系	仪器	操作	数据处理
毛细管法	很好	很有关	测高仪	简便	须校正
脱环法	不好	有关	测力仪	简便	须校正
吊片法	很好	很有关	测力仪	简便	简便
最大泡压法	不平衡	基本无关	压力计	简便	须校正
滴外形法	很好	无关	摄影机或双向测距仪	麻烦	复杂
滴重法	接近平衡	基本无关	天平	简便	须校正

2. 接触角的测定方法有很多种，按其直接测定的物理量可分为三类，即角度、长度和质量测量法。角度测量法包括液滴法、斜板法、反射光法。长度测量法包括液滴法和垂直插板法。质量测量法包括吊片法。实验中介绍的是固体片材与液体间接触角的测定，如若是固体粉末与液体的接触角，可以通过该仪器配置相应的附件进行测定。

九、附

接触角张力仪 CCA-100 简介

使用前、后，应将仪器的金属环、铂片和样品池进行清洗。

金属环和铂片用药棉蘸取无水乙醇轻轻擦洗，擦洗过程中应避免用力太大以防环和铂片变形。擦洗后用蒸馏水洗净晾干，再经酒精灯灼烧至红热，移开冷却至室温后方可进行测量或装入工具盒。

样品池的洗涤方法与一般玻璃仪器洗涤方法相同，洗净后放入烘箱在 120℃下烘烤数小时。

接触角张力仪 CCA-100 的前面板示意如图 21-7。

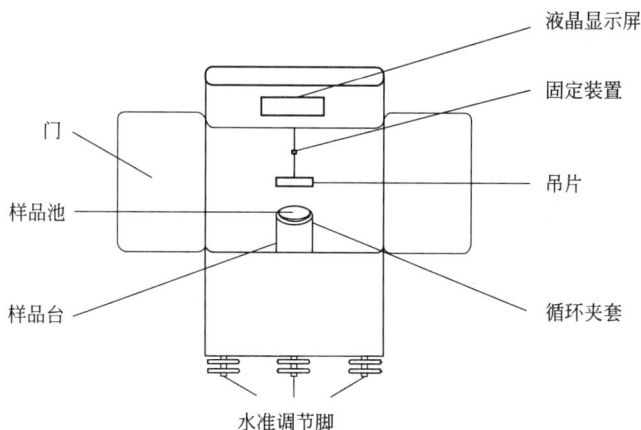

图 21-7　接触角张力仪 CCA-100 前面板示意

实验二十二　溶液吸附法测定固体比表面积

一、实验目的

1. 学会用亚甲基蓝水溶液吸附法测定活性炭的比表面积。
2. 了解朗缪尔单分子层吸附理论及溶液法测定比表面积的基本原理。
3. 了解 721 型分光光度计的基本原理并熟悉使用方法。

二、实验原理

1. 比表面积计算

设固体表面的吸附位总数为 N，覆盖度为 θ，溶液中吸附质的浓度为 c，根据上述假定，有如下结论。

吸附速率：$r_{吸}=k_1 N(1-\theta)c$　　（k_1 为吸附速率常数）

脱附速率：$r_{脱}=k_{-1}N\theta$　　（k_{-1} 为脱附速率常数）

当达到吸附平衡时：$r_{吸}=r_{脱}$，　　即 $k_1 N(1-\theta)c=k_{-1}N\theta$

由此可得：

$$\theta=\frac{K_{吸}\,c}{1+K_{吸}\,c} \tag{22-1}$$

式中，$K_{吸}=k_1/k_{-1}$，称为吸附平衡常数，其值决定于吸附剂和吸附质的性质及温度，$K_{吸}$ 值越大，固体对吸附质吸附能力越强。若以 Γ 表示浓度 c 时的平衡吸附量，以 Γ_{∞} 表示全部吸附位被占据时单分子层吸附量，即饱和吸附量，则：$\theta=\Gamma/\Gamma_{\infty}$。

代入式（22-1）得

$$\Gamma=\Gamma_{\infty}\frac{K_{吸}\,c}{1+K_{吸}\,c} \tag{22-2}$$

整理式（22-2）得到如下形式：

$$\frac{c}{\Gamma}=\frac{1}{\Gamma_{\infty}K_{吸}}+\frac{1}{\Gamma_{\infty}}c \tag{22-3}$$

作 $c/\Gamma\text{-}c$ 图，从直线斜率可求得 Γ_∞，再结合截距便可得到 $K_\text{吸}$。Γ_∞ 指每克吸附剂对吸附质的饱和吸附量（用物质的量表示），若每个吸附质分子在吸附剂上所占据的面积为 σ_A，则吸附剂的比表面积可以按照下式计算：

$$S = \Gamma_\infty L \sigma_A \tag{22-4}$$

式中，S 为吸附剂比表面积；L 为阿伏伽德罗常数。

2. 亚甲基蓝的浓度测量

亚甲基蓝的结构为：

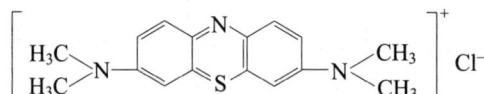

阳离子大小为 $17.0 \times 7.6 \times 3.25 \times 10^{-30}\,\text{m}^3$。

亚甲基蓝的吸附有三种取向：平面吸附投影面积为 $135 \times 10^{-20}\,\text{m}^2$，侧面吸附投影面积为 $75 \times 10^{-20}\,\text{m}^2$，端基吸附投影面积为 $39 \times 10^{-20}\,\text{m}^2$。对于非石墨型的活性炭，亚甲基蓝是以端基吸附取向，吸附在活性炭表面，因此 $\sigma_A = 39 \times 10^{-20}\,\text{m}^2$。

根据光吸收定律，当入射光为一定波长的单色光时，某溶液的吸光度与溶液中有色物质的浓度及溶液层的厚度成正比：

$$A = -\lg(I/I_0) = \varepsilon d c \tag{22-5}$$

式中，A 为吸光度；I_0 为入射光强度；I 为透过光强度；ε 为摩尔吸光系数；d 为液层厚度；c 为溶液浓度。

亚甲基蓝溶液在可见区有 2 个吸收峰：445nm 和 665nm。但在 445nm 处活性炭吸附对吸收峰有很大的干扰，故本实验选用的工作波长为 665nm，并用分光光度计进行测量。

三、仪器与试剂

仪器：721 型分光光度计及其附件 1 套；容量瓶（500mL）6 只；HY 振荡器 1 台；2 号砂芯漏斗 5 只；容量瓶（50mL）6 只；带塞锥形瓶 5 只；容量瓶（100mL）5 只；滴管 2 支。

试剂：亚甲基蓝溶液（0.2%原始溶液、0.01%标准溶液）；颗粒状非石墨型活性炭。

四、实验步骤

1. 样品活化

将活性炭颗粒置于瓷坩埚中，放入 500℃马弗炉活化 1h，然后置于干燥器中备用（此步骤实验前已经由实验室做好）。

2. 溶液吸附

取 2 只干燥的带塞锥形瓶，编号，分别准确称取活化过的活性炭约 0.2g 置于瓶中（两份尽量平行），再分别加入 50g(50mL)0.2%的亚甲基蓝溶液，盖上磨口塞，其中一份放置 1h，即为配制好的平衡溶液，另一份放置一夜，认为吸附达到平衡，比较两个测定结果。

3. 配制亚甲基蓝标准溶液

用移液管分别量取 5mL、8mL、11mL 0.01%亚甲基蓝标准溶液置于 1000mL 容量瓶中，用蒸馏水稀释至 1000mL，即得到 $5 \times 10^{-6}\,\text{mol} \cdot \text{dm}^{-3}$、$8 \times 10^{-6}\,\text{mol} \cdot \text{dm}^{-3}$、$11 \times 10^{-6}\,\text{mol} \cdot \text{dm}^{-3}$ 三种不同浓度的标准溶液。

4. 吸附平衡溶液的处理

取吸附后平衡溶液约 5mL，放入 1000mL 容量瓶中，用蒸馏水稀释至刻度。

5. 选择工作波长

对于亚甲基蓝溶液，由于各分光光度计波长刻度略有误差，吸光度最大波长会有偏移，因此取浓度为 5×10^{-6} 的标准溶液，在 $600 \sim 700nm$ 范围内测量吸收光谱，以吸光度最大的波长为工作波长。

6. 测量溶液吸光度

以蒸馏水为空白溶液，分别测量 $5 \times 10^{-6} mol \cdot dm^{-3}$、$8 \times 10^{-6} mol \cdot dm^{-3}$、$11 \times 10^{-6} mol \cdot dm^{-3}$ 三种浓度的标准溶液以及稀释前原始溶液和稀释后的平衡溶液的吸光度。每个样品须测得三个有效数据，然后取平均值。

五、实验注意事项

1. 测量吸光度时要按从稀到浓的顺序，每个溶液要测 $3 \sim 4$ 次，取平均值。

2. 用洗液洗涤比色皿时，接触时间不能超过 2min，以免损坏比色皿。

六、数据记录与处理

1. 数据记录见表 22-1。

表 22-1　数据记录

亚甲基蓝溶液	吸光度 A			
	1	2	3	平均
$5 \times 10^{-6} mol \cdot dm^{-3}$ 标准溶液				
$8 \times 10^{-6} mol \cdot dm^{-3}$ 标准溶液				
$11 \times 10^{-6} mol \cdot dm^{-3}$ 标准溶液				
亚甲基蓝原始溶液				
达到吸附平衡后亚甲基蓝溶液				

2. 数据处理

(1) 作工作曲线。将 $5 \times 10^{-6} mol \cdot dm^{-3}$、$8 \times 10^{-6} mol \cdot dm^{-3}$、$11 \times 10^{-6} mol \cdot dm^{-3}$ 三种浓度的标准溶液的吸光度对溶液浓度作图，即得工作曲线。

(2) 求亚甲基蓝原始溶液浓度 c_0 和各个平衡溶液浓度 c。可由实验测得的亚甲基蓝原始溶液和吸附达平衡后溶液的吸光度，从工作曲线上查得对应的溶液浓度 c_0 和 c。

(3) 计算吸附量　由平衡浓度 c 及初始浓度 c_0 数据，按下式计算吸附量 Γ。

$$\Gamma = \frac{(c_0 - c)V}{m} \tag{22-6}$$

式中，V 为吸附溶液的总体积，L；m 为加入溶液的吸附剂质量，g。

(4) 作朗缪尔吸附等温线　以 Γ 为纵坐标、c 为横坐标，作 Γ-c 吸附等温线。

(5) 求饱和吸附量　由 Γ 和 c 数据计算 c/Γ 值，然后作 c/Γ-c 图，由图求得饱和吸附量 Γ_∞。

（6）计算试样的比表面积　根据公式（22-4）计算活性炭的比表面积。

七、思考题

1. 根据朗缪尔理论的基本假设，结合本实验数据，算出各平衡浓度的覆盖度，估算饱和吸附的平衡浓度范围。

2. 溶液产生吸附时，如何判断其达到平衡？

八、实验讨论

1. 测定固体物质比表面积的方法很多，常用的有 BET 低温吸附法、电子显微镜法和气相色谱法等，不过这些方法都需要复杂的装置或较长的时间。而溶液的吸附法测定固体物质比表面积，仪器简单，操作方便，还可以同时测定多个样品，因此常被采用。

2. 溶液法测量比表面积的误差一般在 10% 左右，可用其他方法校正。影响测定结果的主要因素是：温度、吸附质的浓度、吸附时间。

3. 溶液吸附法的吸附质浓度选择适当，即初始溶液的浓度以及吸附平衡后浓度都选择在合适的范围，既防止初始浓度过高导致出现多分子层吸附，又避免平衡后的浓度过低使吸附达不到饱和，那么就可以不必如本实验要求的那样，配制一系列初始浓度的溶液进行吸附测量，然后采用朗缪尔吸附理论处理实验数据，才能算出吸附剂比表面积；而是仅需配制一种初始浓度的溶液进行测量，使吸附剂达到饱和吸附又符合朗缪尔单分子层的要求，从而简单地计算出吸附剂的比表面积。

实验二十三　　电导法测定表面活性剂的 CMC 值

一、实验目的

1. 了解表面活性剂的特性及胶束形成原理。
2. 掌握电导法测定表面活性剂临界胶束浓度的原理和方法。

二、实验原理

由具有明显"两亲"性质的分子组成的物质称为表面活性剂。这一类分子既含有亲油的足够长的（大于 10～12 个碳原子）烃基，又含有亲水的极性基团。如肥皂和各种合成洗涤剂等。具有这种"两亲"性质的表面活性剂溶于水中后，当表面活性剂溶液浓度较稀时，其定向地吸附在溶液表面，而当浓度增大到一定值时，则会在溶液中发生定向排列而形成胶束。

对于表面活性剂，其溶液开始形成胶束的浓度称为该表面活性剂的临界胶束浓度（critical micelle concentration），简称 CMC。CMC 值可看作是表面活性剂溶液表面活性的一种量度。CMC 值越小，表示此种表面活性剂形成胶束所需浓度越低，达到表面饱和吸附的浓度越低。也就是说只要很少的表面活性剂就可起到润湿、乳化、增溶、起泡等作用。在

CMC 点上，溶液的结构改变，导致其物理及化学性质（如表面张力、电导、渗透压、浊度、光学性质等）同浓度的关系曲线出现明显的转折。这个现象是测定 CMC 的实验依据，也是表面活性剂的一个重要特征。测定 CMC 值，掌握影响 CMC 值的因素，对于深入研究表面活性剂的物理化学性质是至关重要的，具有实用意义。

对于离子型表面活性剂溶液，当溶液浓度很稀时，电导的变化规律和强电解质一样；但当溶液浓度达到临界胶束浓度时，随着胶束的生成，电导发生改变，摩尔电导急剧下降，这就是电导法测定 CMC 值的依据。

本实验利用 DDS-11A 型电导率仪测定不同浓度的十二烷基硫酸钠水溶液的电导值，并作电导率值（或摩尔电导率）与浓度的关系图，从图中的转折点求得临界胶束浓度。

三、仪器与试剂

仪器：DDS-11A 型电导率仪 1 台；铂黑电极 1 支；250mL 容量瓶 1 个；100mL 容量瓶 12 个；恒温水浴槽 1 套；5mL 和 10mL 移液管各 1 支。

试剂：电导水或重蒸馏水；氯化钾（A.R.）；十二烷基硫酸钠（SDS，A.R.）。

四、实验步骤

1. 用电导水或重蒸馏水准确配制 0.010mol·dm^{-3} 的 KCl 标准溶液。

2. 准确称取十二烷基硫酸钠（经 80℃ 烘干 3h）7.209g，用电导水或重蒸馏水溶解后，转入 250mL 的容量瓶中，稀释至刻度，即配成 0.1mol·dm^{-3} 的溶液。

3. 用移液管移取不同体积的上述 0.1mol·dm^{-3} 十二烷基硫酸钠溶液，分别置于 100mL 的容量瓶中，稀释成 0.002mol·dm^{-3}，0.004mol·dm^{-3}，0.006mol·dm^{-3}，0.007mol·dm^{-3}，0.008mol·dm^{-3}，0.009mol·dm^{-3}，0.010mol·dm^{-3}，0.012mol·dm^{-3}，0.014mol·dm^{-3}，0.016mol·dm^{-3}，0.018mol·dm^{-3}，0.020mol·dm^{-3} 的十二烷基硫酸钠溶液。

4. 打开恒温水浴调节温度至 25.0℃ ±0.1℃ 或其他合适温度。开通电导率仪。

5. 用 0.010mol·dm^{-3} KCl 标准溶液标定电导池常数〔其电导率为 0.001413S·cm^{-1}（25℃）〕。

6. 用电导率仪从稀到浓分别测定上述各溶液的电导率。用后一个溶液荡洗前一个溶液的电导池 3 次以上，各溶液测定时必须恒温 5min，每个溶液的电导读数 3 次，取平均值。列表记录各溶液对应的电导，换算成电导率和摩尔电导率（电导率仪的使用、电导 G 的测定及 G 与电导率 κ 的关系请参阅实验十二）。

7. 实验结束后洗净电导池，并测量实验用水的电导率。

五、实验注意事项

1. 每次测量前，必须将电导率仪进行校正。

2. 电极在冲洗后必须用滤纸轻轻沾干水分，以保证溶液浓度的准确，不可用纸擦拭电极上的铂黑，以免影响电导池常数。电极在使用过程中，其极片必须完全浸入所测溶液中。电极不使用时应浸泡在蒸馏水中。

3. 测定各试样的电导时，电极与液面距离应尽量保持一致。

4. 配制溶液时最好用新蒸出的电导水，一定要保证表面活性剂完全溶解，否则影响浓度的准确性。稀释时不要用力过猛，以防产生大量泡沫影响测量结果。

5. CMC 浓度有一定的范围。

六、数据记录与处理

1. 记录下列实验数据并计算出十二烷基硫酸钠溶液的电导率和摩尔电导率见表 23-1。

室温_____；大气压_____；溶液温度_____；K_{cell} _____；$G_水$ _____。

表 23-1　数据记录

$c_{SDS}/mol \cdot dm^{-3}$	G_{SDS}/S				$\kappa_{SDS}/S \cdot m^{-1}$	$\Lambda_{m\,SDS}/$ $S \cdot m^2 \cdot mol^{-1}$
	G_1/S	G_2/S	G_3/S	$G_{平均}/S$		
0.002						
0.004						
0.006						
0.007						
0.008						
0.009						
0.010						
0.012						
0.014						
0.016						
0.018						
0.020						

2. 作 κ-c 图与 Λ_m-c 图，由曲线转折点确定临界胶束浓度 CMC 值。

七、思考题

1. 用什么实验方法可以验证所测得的 CMC 值是否准确？

2. 非离子型表面活性剂能否用本实验方法测定 CMC 值？若不能，则可用何种方法测之？

3. 实验中影响 CMC 值的因素有哪些？

八、实验讨论

1. 测定 CMC 值的方法很多，原则上只要溶液的物理化学性质随着表面活性剂溶液浓度在 CMC 值处发生突变，都可以利用来测定 CMC 值。常用的有表面张力法、电导法、染料法、增溶作用法、光散射法等。这些方法，原理上都是从溶液的物理化学性质随浓度变化的关系出发求得。其中表面张力和电导法比较简便准确。

表面张力法除了可求得 CMC 值之外，还可以求出表面吸附等温线。此外，无论对于高表面活性还是低表面活性的表面活性剂，其 CMC 值的测定都具有相似的灵敏度，且此法不受无机盐的干扰，也适用于非离子型表面活性剂。电导法是经典方法，简便可靠，但只限于离子型表面活性剂。此法对于有较高活性的表面活性剂准确性高，但过量无机盐存在会降低测定灵敏度，因此配制溶液应该用电导水，对 CMC 值较大、表面活性低的表面活性剂因转折点不明显而不灵敏。

2. 测定表面活性剂 CMC 值所用试剂必须纯净。若无分析纯 SDS，有化学纯级试剂，可以用下述方法纯化：在三口烧瓶中加入无水乙醇，在搅拌下加入 SDS，加热至乙醇开始回流，继续加入 SDS 至其不再溶解为止。回流 2h 后，趁热过滤，将滤液冷却至室温，放入冰盐浴中，使 SDS 尽量析出。过滤后即得第一次纯化的 SDS，将第一次纯化的 SDS 按上述方法进行第二次纯化，所得试样的表面张力-浓度曲线无最低点，即可使用。

3. 文献值：40℃，SDS 的 CMC 值为 $8.7 \times 10^{-3} \, \text{mol} \cdot \text{dm}^{-3}$。

4. 电解质溶液的电导率测量，是通过测量其溶液的电阻而得出的，除本实验中采用电导率仪进行测量外，还可以采用交流电桥法。

5. 通过调节恒温槽的温度，测定表面活性剂溶液在不同温度时的 CMC 值，根据如下公式，即可进而求出表面活性剂的胶团生成热力学量。

$$\frac{\text{dlnCMC}}{\text{d}T} = -\frac{\Delta H}{2RT^2}$$

6. 作图时应分别对图中转折点前后的数据进行线性拟合，找出两条直线。这两条直线的相交点所对应的浓度就是所求的表面活性剂的 CMC 值。

实验二十四　Fe(OH)₃溶胶的制备、净化及聚沉值测定

一、实验目的

1. 学会用化学反应制备溶胶，掌握溶胶净化的方法。
2. 掌握测定溶胶聚沉值的原理和方法。

二、实验原理

固体以胶体形式分散在液体介质中即形成溶胶。溶胶的制备方法可分为分散法和凝聚法。分散法是用适当方法把较大的物质颗粒变为胶体；凝聚法是先制成难溶物的分子（或离子）的过饱和溶液，再使之相互结合成胶体粒子而得到溶胶。Fe(OH)₃溶胶的制备是采用化学法即通过化学反应使生成物呈过饱和状态，然后粒子再结合成 Fe(OH)₃溶胶：

$$FeCl_3 + 3H_2O \xrightarrow{\triangle} Fe(OH)_3 + 3HCl$$

生成的 Fe(OH)₃ 微粒直径在 $10^{-9} \sim 10^{-7} \text{m}$ 之间，分散于水中形成胶体，其结构式可表示为 $\{[\text{Fe(OH)}_3]_m \cdot n\text{FeO}^+ \cdot (n-x)\text{Cl}^-\}^{x+} \cdot x\text{Cl}^-$。

制成的 Fe(OH)₃溶胶体系中常有其他杂质存在，影响其稳定性，因此必须净化。常用的净化方法是半透膜渗析法。渗析时以半透膜隔开胶体溶液和纯溶剂。胶体溶液中的杂质，

如电解质及小分子能透过半透膜，进入溶剂中，而胶粒却不透过。如果不断更换溶剂，则可把胶体溶液中的杂质除去。要提高渗析速度，可用热渗析或电渗析的方法。

溶胶中的分散相微粒互相聚结，颗粒变大，进而发生沉淀的现象，称为聚沉。适量的电解质对憎液溶胶起到稳定剂的作用。但如果电解质加入过多，尤其是含高价反离子的电解质的加入，往往会使溶胶发生聚沉。这主要是因为电解质的浓度或价数增加时，将压缩扩散层，使扩散层变薄，斥力势能降低，当电解质浓度足够大时，就会使溶胶发生聚沉。

使溶胶发生明显聚沉所需电解质的最小浓度，称为该电解质的聚沉值。将聚沉值的倒数定义为聚沉能力。

三、仪器与试剂

仪器：锥形瓶（250mL）1 个；烧杯（100mL 1 个、500mL 1 个）；量筒（100mL）1 个；试管及试管架 1 套；移液管（5mL 1 支、1mL 3 支、10mL 3 支）；加热装置 1 套。

试剂：$FeCl_3$ 溶液（10%）；$2.5mol \cdot dm^{-3}$ KCl 溶液；$0.1mol \cdot dm^{-3}$ K_2CrO_4 溶液；6% 火棉胶。

四、实验步骤

1. $Fe(OH)_3$ 溶胶的制备 （水解法）

在 100mL 烧杯中，加入 45mL 蒸馏水，加热至沸，慢慢滴入 5mL $FeCl_3$ 溶液，并不断搅拌，加毕继续保持沸腾 3～5min，即可得红棕色的 $Fe(OH)_3$ 溶胶，在溶液冷却时，反应要逆向进行，因此所得 $Fe(OH)_3$ 溶胶必须进行渗析处理。

2. $Fe(OH)_3$ 溶胶的净化

（1）半透膜制备 取 1 个 250mL 锥形瓶，内壁必须光滑，充分洗净烘干。在瓶中倒入几毫升 6% 的火棉胶（硝化纤维溶解在乙醇与乙醚混合液中所成），小心转动锥形瓶，使火棉胶在瓶内形成一均匀薄层，倾出多余火棉胶，倒置锥形瓶在铁圈上，让多余火棉胶流尽，并让乙醚挥发，直至用手指轻轻接触火棉胶不粘手即可。加水入瓶内至满（注意加水不宜过早，因若乙醚未蒸发完，则加水后膜呈白色而不适用；但亦不可太迟，否则膜变干硬后不易取出），浸膜于水中约几分钟，剩余在膜上的乙醚即被溶去。倒去瓶内之水，在瓶口剥开一小部分膜，滴水在膜与瓶壁之间使膜与壁分离，轻轻取出所成之袋，检验袋上是否有漏洞。若有，只须擦干有洞部分的水，用玻璃棒沾少许火棉胶轻轻接触洞口即可补好。

（2）$Fe(OH)_3$ 溶胶净化 将制得的 $Fe(OH)_3$ 溶胶置于半透膜内，用线拴住口袋放在盛有蒸馏水的 500mL 烧杯内，使其渗析，若要加快渗析速度可微微加热，但温度不得高于 65℃，每隔 10～30min 更换蒸馏水一次，并用 $AgNO_3$ 及 KSCN 溶液分别检验渗析水中的 Cl^- 及 Fe^{3+}，渗析应进行到不能检出 Cl^- 和 Fe^{3+} 为止（也可通过测溶胶的电导率来判断溶胶纯化的程度）。这样得到的 $Fe(OH)_3$ 胶体比较纯净，可用于电泳、聚沉等实验中（一般实验室中更简便的纯化方法为，在广口瓶内装入溶胶，蒙上玻璃纸，倒悬于盛有蒸馏水的玻璃缸中，经常换水，在室温下保持 1 周以上即可）。

3. $Fe(OH)_3$ 溶胶聚沉值的粗测

（1）将已制备好的 $Fe(OH)_3$ 溶胶进行聚沉值的测定。取 6 支干净试管，5 支标上 1～5 记号，另一支放入 9mL 蒸馏水和 1mL $Fe(OH)_3$ 溶胶作为对照。然后将 1 号试管加入 10mL

$2.5\,mol\cdot dm^{-3}$ 的 KCl 溶液，其余 4 支各加入 $9\,mL$ 蒸馏水。顺次从 1 号管取出 $1\,mL$ 溶液加入 2 号管中，振荡后由 2 号管中取出 $1\,mL$ 到 3 号管中，以下各试管方法相同，5 号试管中取出 $1\,mL$ 溶液弃去。使各试管均具有 $9\,mL$ 溶液，且浓度顺次相差 10 倍。

依次向 1～5 号管中各加入 $1\,mL$ 已净化好的 $Fe(OH)_3$ 溶胶，振荡均匀，静置观察。如观察困难，则采用某一角度较强光线照射，观察其浑浊程度（或放入一有强灯光的木箱中），并与对照的一支比较。或放久一阵后再观察，以便作出判断。

（2）与上述方法相同，电解质换为 $0.1\,mol\cdot dm^{-3}$ 的 K_2CrO_4 溶液进行实验。

4. Fe(OH)₃ 溶胶聚沉值的精测

上述测定中聚沉的一支试管和未聚沉的一支试管（指两支顺号的试管）之间浓度相差 10 倍，为取得更精确结果，可在这 1∶10 的浓度范围内，由实验者设计出相应各浓度进行细分，再作聚沉值精确测定实验。将精测结果列于自行设计的数据表中。

五、实验注意事项

1. 制备 $Fe(OH)_3$ 溶胶时，烧杯一定要干净，$FeCl_3$ 溶液一定要逐滴加入，并不断搅拌。制得的 $Fe(OH)_3$ 胶体若浑浊不透明，应重新制备。

2. 制备半透膜时，一定要使整个锥形瓶的内壁上均匀附着一层火棉胶液，在取出半透膜时，一定要借助水的浮力将膜托出。

3. 纯化 $Fe(OH)_3$ 溶胶时，换水后要渗析一段时间再检查 Fe^{3+} 及 Cl^- 的存在。

4. 实验前应把每支试管洗干净。

5. 溶胶的温度要降至室温后方可用于聚沉值测定。

六、数据记录与处理

1. 实验记录见表 24-1、表 24-2。

表 24-1　KCl 使 Fe(OH)₃ 溶胶聚沉情况

序　号	KCl			
	浓度/mmol·dm⁻³	聚沉情况		
		15min	30min	60min
1				
2				
3				
4				
5				

表 24-2　K₂CrO₄ 使 Fe(OH)₃ 溶胶聚沉情况

序　号	K₂CrO₄			
	浓度/mmol·dm⁻³	聚沉情况		
		15min	30min	60min
1				
2				
3				
4				
5				

注：聚沉值以 $mmol\cdot dm^{-3}$ 为单位，"√"示聚沉，"×"示不聚沉。

2. 数据处理。从 $Fe(OH)_3$ 溶胶的聚沉值测量情况表计算出聚沉值，判断 $Fe(OH)_3$ 溶胶粒子的带电情况，写出其胶团结构。

七、思考题

1. 实验时，如果加热过久溶胶中的水蒸去不少，会对实验结果（指聚沉值）有什么影响？

2. 如果试管不干净，混入少量 $K_4[Fe(CN)_6]$ 或 Na_2CO_3 等杂质，则 $Fe(OH)_3$ 的聚沉值会受何影响？

3. 本法所制备的 $Fe(OH)_3$ 溶胶，Cl^- 来源哪几个方面？

4. 有什么方法可提高 $Fe(OH)_3$ 溶胶浓度？

八、实验讨论

起聚沉作用的主要是带电荷与胶体相反的离子（反离子）。反离子的价数越高，聚沉效率越高，聚沉值越低。一价反离子的聚沉值约为 $25 \sim 150$，二价的为 $0.5 \sim 2$，三价的为 $0.01 \sim 0.1$。聚沉值大致与反离子价数的六次方成反比。

同价数的反离子的聚沉值虽然相近，但仍有差别，一价离子聚沉值的差别尤其明显，这一次序即为感胶离子序，它和水化离子半径由小至大的次序大致相同，故聚沉能力的差别主要受离子大小的影响。但此规律只适用于小的不相干离子，有机大离子因其与质点之间有较强的范德华引力而易被吸附，聚沉值要小得多。

同号离子：一般来说，二价或高价负离子对于带负电的胶体有一定的稳定作用，使正离子的聚沉值略有增加；高价正离子对于带正电的胶体也有同样作用。同号大离子对胶体的稳定作用更为明显。

不规则聚沉：少量的电解质可使溶胶聚沉，电解质浓度高时，沉淀重又分散；浓度再高时又使溶胶聚沉。这种现象以用高价离子或大离子为聚沉剂时最为显著，叫作不规则聚沉。

加热胶体，能量升高，胶粒运动加剧，它们之间碰撞机会增多，而使胶核对离子的吸附作用减弱，即减弱胶体的稳定因素，导致胶体凝聚。如长时间加热时，$Fe(OH)_3$ 胶体就发生凝聚而出现红褐色沉淀。

实验二十五　胶体电泳速度的测定

一、实验目的

1. 掌握凝聚法制备 $Fe(OH)_3$ 溶胶的方法。
2. 掌握电泳法测定胶粒电泳速度和溶胶 ζ 电势的方法。

二、实验原理

当在电泳管（如图 25-1）两极间接上电势差 $E(V)$ 后，在 $t(s)$ 的时间内溶胶界面移动的距离为 $D(m)$，即胶粒的电泳速度 $u(m \cdot s^{-1})$ 为：

$$u = \frac{D}{t} \quad\quad (25\text{-}1)$$

相距 l（m）的两极间的电位梯度平均值 H（V·m^{-1}）为：

$$H = \frac{E}{l} \quad\quad (25\text{-}2)$$

从实验求得胶粒电泳速度后，可按下式（25-3）求出 ζ 电势。

$$\zeta = \frac{K\pi\eta}{\varepsilon H} u \quad\quad (25\text{-}3)$$

式中，K 为与胶粒形状有关的常数（对于球形粒子，$K = 5.4 \times 10^{10}$ V^2·s^2·kg^{-1}·m^{-1}；对于棒形粒子，$K = 3.6 \times 10^{10}$ V^2·s^2·kg^{-1}·m^{-1}，本实验胶粒为棒形）；η 为介质的黏度，kg·m^{-1}·s^{-1}；ε 为介质的介电常数。

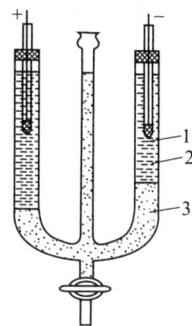

图 25-1　电泳管示意图
1—Pt 电极；2—KCl
溶液；3—溶胶

本实验是在一定的外加电场强度下通过测定 $Fe(OH)_3$ 胶粒的电泳速度，计算出 ζ 电势。

三、仪器与试剂

仪器：电炉 1 台；稳压直流电源 1 台；电导率仪 1 台；电泳管 1 个；铂电极 2 个；胶头滴管若干；毛细管若干；烧杯若干。

试剂：三氯化铁（C. P.）；棉胶液（C. P.）；KCl 溶液（0.1mol·dm^{-3}）。

四、实验步骤

1. $Fe(OH)_3$ 溶胶的制备与纯化见实验二十四。电导率仪的使用参见实验十二。

2. 将渗析好的 $Fe(OH)_3$ 胶体冷至室温，测其电导率。用 0.1mol·dm^{-3} KCl 溶液和蒸馏水配制与溶胶电导率相同的辅助液。

3. 测定 $Fe(OH)_3$ 溶胶的电泳速度。用洗液和蒸馏水把电泳管洗干净，并检查电泳管是否漏水，注意一定不能用 $Fe(OH)_3$ 溶胶洗涤电泳管。将电泳管固定在支架上，将毛细管插入中央支管底部，在支管中注入 KCl 溶液至两管内液面达到 4cm 左右，将 $Fe(OH)_3$ 溶胶用胶头滴管缓慢地注入毛细管上端软管中，直至两支管内液面达到 11cm 处，将两电极轻轻插入两侧支管并没入 KCl 溶液中，保持左右深度相等。记录 KCl 溶液和 $Fe(OH)_3$ 溶胶的分界面位置。打开稳压电源，将电压调到 150V，观察溶胶液面移动现象及电极表面现象。记录 10min、20min、30min 内界面移动的距离，读取电压准确值。用尺子量出两电极间距离，此数值测量 5～6 次，取平均值（注意：电极间距离需要用棉线化曲为直进行测量）。

4. 实验结束，关闭电源，回收胶体溶液，整理实验用品。

五、实验注意事项

1. 渗析后的溶胶必须冷至与辅助液大致相同的温度（室温），避免产生热对流破坏了溶胶界面。

2. 电泳测定管须洗净，以免其他离子干扰。

3. 量取两电极的距离时，要沿电泳管的中心线量取，电极间距离的测量须尽量精确。

六、数据记录与处理

1. 数据记录见表 25-1。

表 25-1 数据记录

电压 E/V	迁移时间 t/s	迁移距离 d/cm	两电极间距离 l/cm

2. 数据处理

(1) 计算电泳速度 u 和平均电位梯度 H。

(2) 将 u、H 和介质黏度及介电常数代入式 (25-3) 中计算出 ζ 电势，查阅文献找出 $Fe(OH)_3$ 溶胶的标准 ζ 电势，进行误差分析。

(3) 根据胶粒电泳时移动的方向确定其所带电荷符号。

七、思考题

1. 电泳的速度与哪些因素有关?

2. 说明反离子所带电荷符号及两极上的反应。

八、实验讨论

1. 电泳的实验方法分为宏观法和微观法两类。宏观法是观察胶体与不含胶粒的辅助导电液的界面在电场中的移动速度，如本实验的方法，适用于溶胶或大分子溶胶与分散介质形成的界面在电场作用下移动速度的测定。微观法则是直接观察单个胶粒在电场中的泳动速度，如显微电泳法和区域电泳法，适合与对颜色太淡或浓度过稀的胶体。

2. 本实验中辅助液的电导率要与溶胶的一致，否则会因界面处电场强度的突变造成两界面移动速度不等产生界面模糊。因为 K^+ 与 Cl^- 的迁移速率基本相同，对 1-1 型电解质组成的辅助液多选用 KCl 溶液。

3. ζ 电势是表征胶体特性的重要物理量之一。胶体的稳定性与 ζ 电势有直接关系，ζ 电势绝对值越大，表明胶粒荷电越多，胶粒间排斥力越大，胶体越稳定。反之，则表明胶体越不稳定。当 ζ 电势为零时，胶体的稳定性最差，此时可观察到胶体的聚沉。

实验二十六 配合物磁化率的测定

一、实验目的

1. 理解物质的摩尔磁化率、分子磁矩、分子内未成对电子数、配位键的概念。

2. 掌握古埃 (Gouy) 磁天平测定磁化率的原理和方法。

3. 熟悉古埃磁天平的操作方法。

二、实验原理

1. 物质的磁性

一般分为三种：顺磁性、反磁性和铁磁性。

（1）反磁性是指磁化方向和外磁场方向相反时所产生的磁效应。反磁物质的 $\chi_{逆} < 0$。

（2）顺磁性是指磁化方向和外磁场方向相同时所产生的磁效应，顺磁物质的 $\chi_{顺} > 0$。

（3）铁磁性是指在低外磁场中就能达到饱和磁化，去掉外磁场时，磁性并不消失，呈现出滞后现象等一些特殊的磁效应。

$$摩尔磁化率：\chi_M = \chi_{顺} + \chi_{逆} \approx \chi_{顺} \tag{26-1}$$

2. 居里定律

$$\chi_{顺} = \frac{L\mu_m^2}{3kT} \tag{26-2}$$

式（26-2）中，L 为阿伏伽德罗常数，$6.022 \times 10^{23} \text{mol}^{-1}$；$k$ 为玻尔兹曼常数，$1.3806 \times 10^{-23} \text{J} \cdot \text{K}^{-1}$；$\mu_m$ 为物质的分子磁矩；T 为热力学温度。

居里定律将物质的宏观物理量（$\chi_{顺}$）与粒子的微观性质（分子磁矩 μ_m）联系起来。由于分子磁矩 μ_m 决定于电子的轨道运动状态和未成对电子数 n。并且 μ_m 与 n 符合公式（26-3）。

$$\mu_m = \mu_B \sqrt{n(n+2)} \tag{26-3}$$

其中，μ_B 为玻尔磁子，$\mu_B = \dfrac{eh}{4\pi m_e} = 9.274 \times 10^{-24} \text{J} \cdot \text{T}^{-1}$；$n$ 为未成对电子数。通过分子磁矩 μ_m 推算未成对电子数 n，可以得到关于配合物的分子结构的某些信息。

3. 古埃法测定物质的摩尔顺磁化率（$\chi_{顺}$）的原理

本实验用古埃磁天平（如图 26-1）测定物质的摩尔磁化率 χ_m。古埃法测定磁化率，是将装有样品的圆柱形玻璃管悬挂在两磁极中间，将样品底部处于两磁极中心，即磁场强度最强区域，样品的顶部则位于磁场强度最弱，甚至为零的区域。这样，样品就处于一个不均匀的磁场中，设样品的截面积为 A，样品管长度方向 $\text{d}S$ 的体积 $A\text{d}S$ 在非均匀磁场中所受到的作用力 $\text{d}F$ 为：

$$\text{d}F = \chi \mu_0 H A \text{d}S \frac{\text{d}H}{\text{d}S} \tag{26-4}$$

式中，$\dfrac{\text{d}H}{\text{d}S}$ 为磁场强度梯度，对于顺磁性物质的作用力，指向场强最大的方向，反磁性物质则指向场强最弱的方向，当不考虑样品周围介质（如空气，其磁化率很小）和 H_0 的影响时，整个样品所受的力为：

$$F = \int_0^H \chi \mu_0 A H \text{d}S \frac{\text{d}H}{\text{d}S} = \frac{1}{2} \chi \mu_0 H^2 A \tag{26-5}$$

当样品受到磁场作用力时，天平的另一臂加减砝码使之平衡，设 Δm 为施加磁场前后的质量差，则

$$F = \frac{1}{2} \chi \mu_0 H^2 A = g\Delta m = g(\Delta m_{空管+样品} - \Delta m_{空管}) \tag{26-6}$$

由于 $\chi = \chi_m \rho$，$\rho = \dfrac{m}{hA}$（χ 称为物质的体积磁化率；χ_m 为质

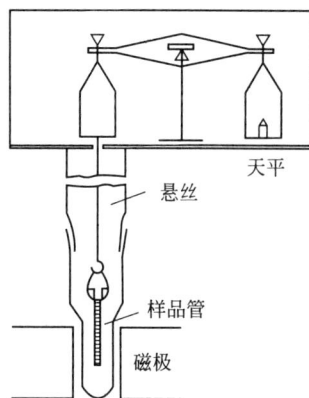

图 26-1 古埃磁天平示意图

量磁化率；ρ 为样品密度；h 为样品高度；m 为样品质量；g 为重力加速度），代入式(26-5)整理得：

$$\chi_M = \frac{2(\Delta m_{空管+样品} - \Delta m_{空管})hgM}{\mu_0 mH^2} = \frac{(\Delta m_{空管+样品} - \Delta m_{空管})MK}{m} \quad (26\text{-}7)$$

式中，M 为样品摩尔质量；μ_0 为真空磁导率，$4\pi \times 10^{-7} N \cdot A^{-2}$；$K = \dfrac{2hg}{\mu_0 H^2}$。

磁场强度 H 可用"特斯拉计"测量，或用已知磁化率的标准物质进行间接测量。例如用莫尔盐 $[(NH_4)_2SO_4 \cdot FeSO_4 \cdot 6H_2O]$，已知莫尔盐的 χ_m 与热力学温度 T 的关系式为：

$$\chi_m = \frac{9500}{T+1} \times 4\pi \times 10^{-9} (m^3 \cdot kg^{-1}) \quad (26\text{-}8)$$

三、仪器与试剂

仪器：古埃磁天平（包括磁极、励磁电源、电子天平等）1 台；样品管 1 个；装样品工具（包括研钵、角匙、小漏斗等）1 套。

试剂：莫尔盐（A.R.）；亚铁氰化钾（A.R.）；铁氰化钾（A.R.）；硫酸亚铁（A.R.）。

四、实验步骤

1. 将特斯拉计的测量探头放入磁场的中心，套上保护套，打开电源，调节"调压旋钮"，使电流显示为 0，同时按下"置零"按钮，使磁感应强度读数显示为"0"。

2. 除下保护套，把测量探头平面垂直放于磁场的两极中心，打开电源，调节"调压旋钮"使电流增大至特斯拉计的读数显示约为"300mT"，调节探头左右、上下位置，观察特斯拉计的读数显示值，把探头位置固定在特斯拉计的读数为最大的位置，此位置最佳。用探头沿此位置的垂直线，测定离磁场中心多高处特斯拉计的读数为 0，这也是样品管内应装样品的高度。调节调压旋钮使特斯拉计读数显示为零，关闭电源。

3. 用莫尔盐标定磁场强度 H

(1) 取一支清洁、干燥的空样品管，悬挂在磁天平一端的挂钩上，使样品管的底部在磁极中心连线上。调节"调压旋钮"使电流增大，依次称量特斯拉计读数为 0mT(H_0)、300mT(H_1)、350mT(H_2) 时的空样品管质量 $m_1(H_0)$、$m_1(H_1)$、$m_1(H_2)$。接着将特斯拉计读数调节至 400mT，然后调节"调压旋钮"使电流减小，再依次称量特斯拉计读数为 350mT、300mT、0mT 时的空样品管质量 $m_2(H_2)$、$m_2(H_1)$、$m_2(H_0)$。由此可求出空样品管质量 $m_{空管}$ 及特斯拉计读数为 0mT、300mT、350mT 时的 $\Delta m_{空管}$（应重复一次取平均值）。

(2) 取下样品管，装入莫尔盐（在装填时要不断将样品管底部敲击木垫，使样品粉末填实），直到样品高度比步骤 2 所测高度高时为止。准确标记样品的装填高度 h，按前述方法将装有莫尔盐的样品管放在磁天平上称量，重复称量空管时的步骤，测量磁场强度为 0mT、300mT、350mT 时莫尔盐的质量，得 $m_{1空管+样品}(H_0)$，$m_{1空管+样品}(H_1)$，$m_{1空管+样品}(H_2)$，$m_{2空管+样品}(H_2)$，$m_{2空管+样品}(H_1)$，$m_{2空管+样品}(H_0)$。求出 $\Delta m_{空管+样品}(H_1)$ 和 $\Delta m_{空管+样品}(H_2)$。

4. 样品摩尔磁化率测定。用同一根样品管，同法分别测定 $FeSO_4 \cdot 7H_2O$、$K_3[Fe(CN)_6]$ 和 $K_4[Fe(CN)_6] \cdot 3H_2O$ 的 $\Delta m_{空管+样品}(H_1)$ 和 $\Delta m_{空管+样品}(H_2)$，注意每次装样品的高度一定要相同。

测完后样品均要倒回试剂瓶，可重复使用。

五、实验注意事项

1. 空样品管需要干燥洁净。所测样品应事先研细。

2. 标定和测定用的试剂要研细，放在装有浓硫酸的干燥器中干燥。填装时要不断地敲击桌面，使样品填装得均匀没有断层，并且要达到步骤 2 所测高度以上（此时试管的顶部磁场 $H \approx 0$）。

3. 磁天平总机架必须放在水平位置，电子天平应作水平调整，一旦调好水平，不要使天平移动。

4. 吊绳和样品管必须垂直位于磁场中心的特斯拉计探头之上，样品管不能与磁铁和特斯拉计探头接触，相距至少 3mm。

5. 测定样品的高度前，要先用小径试管将样品顶部压紧、压平并擦去沾附在试管内壁上的样品粉末，避免在称量中丢失。

6. 调节"调压旋钮"使电流变化时应平稳、缓慢，调节时不宜过快和用力过大。

六、数据记录与处理

1. 数据记录见表 26-1。

室温＿＿＿＿＿＿。

表 26-1　数据记录

项　目	称量 m/g						
毫特斯拉计/mT	0	300	350	400	350	300	0
空管				—			
				—			
莫尔盐				—			
				—			
$FeSO_4 \cdot 7H_2O$				—			
				—			
$K_3[Fe(CN)_6]$				—			
				—			
$K_4[Fe(CN)_6] \cdot 3H_2O$				—			
				—			

2. 数据处理

（1）将室温代入式(26-8) 计算莫尔盐的单位质量磁化率，将莫尔盐的单位质量磁化率和实验数据代入式(26-7)，计算 K 值。

式(26-7) 中：

$$\Delta m_{空管}(H_1)=\frac{1}{2}\big[\Delta m_1(H_1)+\Delta m_2(H_1)\big] \tag{26-9}$$

$$\Delta m_{空管}(H_2)=\frac{1}{2}\big[\Delta m_1(H_2)+\Delta m_2(H_2)\big] \tag{26-10}$$

且　　$\Delta m_1(H_1)=m_1(H_1)-m_1(H_0);\Delta m_2(H_1)=m_2(H_1)-m_2(H_0)$

　　　$\Delta m_1(H_2)=m_1(H_2)-m_1(H_0);\Delta m_2(H_2)=m_2(H_2)-m_2(H_0)$

(2) 由亚铁氰化钾与硫酸亚铁和铁氰化钾的实验数据，分别计算和讨论特斯拉计读数为 0mT、300mT、350mT 时的 χ_m、μ_m 以及未成对电子数 n。

(3) 根据未成对电子数讨论亚铁氰化钾、硫酸亚铁中 Fe^{2+} 的外电子层结构和配位键类型。

七、思考题

1. 实验中为什么样品装填高度要求比步骤 2 高度高？

2. 在不同的励磁电流下测定的样品摩尔磁化率是否相同？为什么？实验结果若有不同，应如何解释？

3. 从摩尔磁化率如何计算分子内未成对电子数及判断其配位键类型？

4. 用古埃磁天平测定磁化率的精密度与哪些因素有关？

八、实验讨论

1. 用测定磁矩的方法可辨别化合物是共价型配合物还是电价型配合物。共价型配合物以中心离子的空价电子轨道接受配位体的孤对电子，以形成共价配位键，为了尽可能多成键，往往会发生电子重排，以腾出更多的空的价电子轨道来容纳配位体的电子对。

2. Fe^{2+} 未成对电子数为 0，$\mu_m=0$。配位时，Fe^{2+} 外电子层结构可发生重排，形成两个空的 d 轨道，空 d 轨道与 4s 轨道和 4p 轨道形成 6 个 d^2sp^3 轨道，它们能接受 6 个 CN^- 的 6 个孤对电子，形成 6 个共价配键。如 $[Fe(CN)_6]^{4-}$ 配离子，磁矩为 0，是共价型配合物。

3. Fe^{2+} 在自由离子状态下，外层电子结构为 $3d^6 4s^0 4p^0$，当它与 6 个 H_2O 配位体形成配离子 $[Fe(H_2O)_6]^{2+}$ 时，由于 H_2O 有相当大的偶极矩，与中心离子 Fe^{2+} 以库仑静电引力相结合而形成配位键，此配合物是电价型配合物，电价型配合物的配位键不需要中心离子腾出空轨道。所以测定配合物的磁矩是判断共价型配合物还是电价型配合物的主要方法。

4. 实验中，调节"调压旋钮"使电流由小到大、再由大到小的测量方法，是为了抵消实验时磁场剩磁现象的影响。

九、附

磁天平的使用

(1) 古埃磁天平包括磁极、励磁电源、电子天平、悬线，外接电源为 220V 交流电压。

(2) 调节"调压旋钮"使电流加减应缓慢、平稳，严防突发性断电，以防止磁线圈产生的反电动势将晶体管等元件击穿。具体操作如下。

加磁场：打开电源开关，逐渐调节"调压旋钮"使电流增大至特斯拉计上显示所需的值。

减磁场：逐渐调节"调压旋钮"使电流减小至特斯拉计上显示所需的值。

实验二十七　偶极矩的测定

一、实验目的

1. 掌握溶液法测定偶极矩的原理、方法和计算。
2. 熟悉精密电容测量仪、折光仪和比重瓶的使用。
3. 了解偶极矩与分子电性质的关系。

二、实验原理

所谓溶液法就是将极性待测物溶于非极性溶剂中进行测定，然后外推到无限稀释。因为在无限稀的溶液中，极性溶质分子所处的状态与它在气相时十分相近，此时分子的偶极矩可按下式计算：

$$\mu = 0.0426 \times 10^{-30} \sqrt{(p_2^{\infty} - R_2^{\infty})T} \text{ (C·m)} \tag{27-1}$$

式中，p_2^{∞} 和 R_2^{∞} 分别表示无限稀时极性分子的摩尔极化度和摩尔折射度（习惯上用摩尔折射度表示折射法测定的 $p_{电子}$）；T 是热力学温度。

本实验是将正丁醇溶于非极性的环己烷中形成稀溶液，然后在低频电场中测量溶液的介电常数和溶液的密度求得 p_2^{∞}；在可见光下测定溶液的 R_2^{∞}，然后由式(27-1)计算正丁醇的偶极矩。

1. 极化度的测定

无限稀时，溶质的摩尔极化度 p_2^{∞} 的公式为

$$p = p_2^{\infty} = \lim_{x_2 \to 0} p_2 = \frac{3\varepsilon_1 \alpha}{(\varepsilon_1 + 2)^2} \times \frac{M_1}{\rho_1} + \frac{\varepsilon_1 - 1}{\varepsilon_1 + 2} \times \frac{M_2 - \beta M_1}{\rho_1} \tag{27-2}$$

式中，ε_1、ρ_1、M_1 分别是溶剂的介电常数、密度和摩尔质量，密度的单位是 g·cm^{-3}；M_2 为溶质的摩尔质量；α 和 β 为常数，可通过稀溶液的近似公式求得：

$$\varepsilon_{溶} = \varepsilon_1(1 + \alpha x_2) \tag{27-3}$$

$$\rho_{溶} = \rho_1(1 + \beta x_2) \tag{27-4}$$

式中，$\varepsilon_{溶}$ 和 $\rho_{溶}$ 分别是溶液的介电常数和密度；x_2 是溶质的摩尔分数。

无限稀释时，溶质的摩尔折射度 R_2^{∞} 的公式为：

$$R_2^{\infty} = \lim_{x_2 \to 0} R_2 = \frac{n_1^2 - 1}{n_1^2 + 2} \times \frac{M_2 - \beta M_1}{\rho_1} + \frac{6n_1 M_1 \gamma}{(n_1^2 + 2)^2 \rho_1} \tag{27-5}$$

式中，n_1 为溶剂的折射率；γ 为常数，可由稀溶液的近似公式求得：

$$n_{溶} = n_1(1 + \gamma x_2) \tag{27-6}$$

式中，$n_{溶}$ 是溶液的折射率。

2. 介电常数的测定

介电常数 ε 可通过测量电容来求算，按定义：

$$\varepsilon = C/C_0 \tag{27-7}$$

式中，C_0 为电容器两极板间处于真空时的电容量；C 为充满待测液时的电容量，由于空气的电容量非常接近于 C_0，故式(27-7)改写成

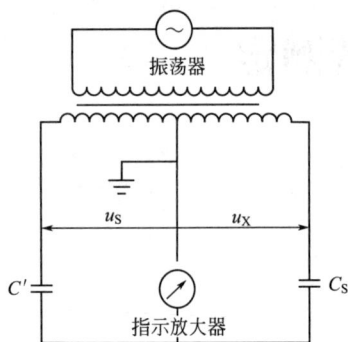

图 27-1 电容电桥示意图

$$\varepsilon = C/C_空 \tag{27-8}$$

本实验利用电桥法测定电容，其桥路为变压器比例臂电桥，如图 27-1 所示，电桥平衡的条件是：

$$\frac{C'}{C_S} = \frac{u_S}{u_X} \tag{27-9}$$

式中，C' 为电容器两极间的电容；C_S 为标准差动电容器的电容。调节差动电容器，当 $C' = C_S$ 时，$u_S = u_X$，此时指示放大器的输出趋近于零。C_S 可从刻度盘上读出，这样 C' 即可测得。由于整个测试系统存在分布电容，所以实测的电容 C' 是样品电容 C 和分布电容 C_d 之和，即：

$$C' = C + C_d \tag{27-10}$$

显然，为了求 C 首先就要确定 C_d 值，C_d 值对同一台仪器而言是一定值，方法是：先测定无样品时空气的电容 $C'_空$，则有：

$$C'_空 = C_空 + C_d \tag{27-11}$$

再测定一已知介电常数（$\varepsilon_标$）的标准物质的电容 $C'_标$，则有：

$$C'_标 = C_标 + C_d = \varepsilon_标 C_空 + C_d \tag{27-12}$$

由式（27-11）和式（27-12）可得：

$$C_d = \frac{\varepsilon_标 C'_空 - C'_标}{\varepsilon_标 - 1} \tag{27-13}$$

将 C_d 代入式（27-10）和式（27-11）即可求得 C 和 $C_空$，这样就可计算待测液的介电常数。

三、仪器与试剂

仪器：PCM-1A 精密电容测量仪 1 台；阿贝折光仪 1 台；密度管 1 支；洗耳球 1 只；比重瓶（10mL）1 只；移液管（2mL）1 支；滴瓶 5 只；滴管 1 只。

试剂：环己烷（A.R.）；正丁醇摩尔分数分别为 0.04，0.06，0.08，0.10 和 0.12 的五种正丁醇-环己烷溶液。

四、实验步骤

1. 折射率的测定

在室温条件下，用阿贝折光仪分别测定环己烷和五份溶液的折射率，每个样品要求测定两次，每次读取两个读数，数据之间相差不能超过 0.0003。

2. 密度的测定

取一洗净干燥的密度管先称空瓶质量，然后称量水、环己烷及五个溶液的质量，代入下式：

$$\rho_i^t = \frac{m_i - m_0}{m_{H_2O} - m_0} \rho_{H_2O}^t \tag{27-14}$$

式中，m_0 为空管质量，m_{H_2O} 为水的质量；m_i 为溶液质量；ρ_i^t 为在 t（℃）时溶液的密度。

3. 电容的测定

（1）C_d 的测定　以环己烷为标准物质，其介电常数的温度关系式为：

$$\varepsilon_{环己烷}=2.052-1.55\times10^{-3}t/℃ \tag{27-15}$$

式中，t 为测定时的温度，℃。

将 PCM-1A 精密电容测量仪通电，预热 20min。将电容仪与电容池连接线先接一根（只接电容仪，不接电容池），调节零电位器使数字表头指示为零。将两根连接线都与电容池接好，此时数字表头上所示值即为 $C'_空$ 值。

用 2mL 移液管移取 2mL 环己烷加入到电容池中，盖好，数字表头上数值稳定后，所示值即为 $C'_{环己烷}$（注意样品不可多加，样品过多会腐蚀密封材料渗入恒温腔，实验无法正常进行）。然后用注射器抽去样品室内样品，再用洗耳球吹扫，至数显的数字与 $C'_空$ 值相差无几（<0.02pF），否则需再吹。再加入该溶液，测出电容值。两次测定数据的差值应小于 0.05pF。

（2）按上述方法分别测定五份溶液的 $C'_溶$。每次测 $C'_溶$ 后均需重测 $C'_空$，以检验样品室是否还有残留样品。

五、实验注意事项

1. 每次测定前要用洗耳球将电容池吹干，并重测 $C'_空$，与原来的 $C'_空$ 值相差应小于 0.02pF。

2. 测 $C'_溶$ 时，操作应迅速，池盖要盖紧，防止样品挥发和吸收空气中极性较大的水汽。装样品的滴瓶也要随时盖严。

3. 每次装入量严格相同，样品过多会腐蚀密封材料渗入恒温腔，实验无法正常进行。

4. 注意不要用力扭曲电容仪连接电容池的电缆线，以免损坏。

六、数据记录与处理

1. 数据记录见表 27-1。

表 27-1　数据记录

序号	密度 $\rho/g\cdot cm^{-3}$	折射率			电容量		
		n_1	n_2	n	C'_1	C'_2	C'
1							
2							
3							
4							
5							

2. 数据处理

（1）根据公式及表 27-1 数据，计算 C_d、$C'_空$、C 和 $\varepsilon_溶$。

（2）分别作 $\varepsilon_溶$-x_2 图，$\rho_溶$-x_2 图和 $n_溶$-x_2 图，由各图的斜率求 α，β，γ。

（3）根据式（27-2）和式（27-5）分别计算 p_2^∞ 和 R_2^∞。

（4）由式（27-1）求算正丁醇的 μ。

七、思考题

1. 本实验测定偶极矩时做了哪些近似处理？
2. 准确测定溶质的摩尔极化度和摩尔折射度时，为何要外推到无限稀释？

八、实验讨论

1. 分子偶极矩的测定可以了解分子的对称性，判断其几何异构体的空间结构等问题。

2. 测定偶极矩的方法除通过测定介电常数、密度、折射率和浓度的测定来求算外，还有多种其他方法，如分子射线法、分子光谱法、温度法以及利用微波谱的斯塔克效应等。

3. 由于溶液电容的温度系数很小，而且本实验只要求获得稀溶液的 $\varepsilon_{溶}\text{-}x_2$ 的直线斜率，因此在室温变化不太大时，可以在室温下进行测定。

4. 溶液法测得的溶质偶极矩和气相测得的真空值之间存在着偏差，造成这种偏差现象主要是由于在溶液中存在有溶质分子与溶剂分子以及溶剂分子即溶剂分子间作用的溶剂效应。

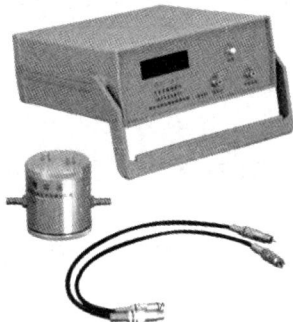

图 27-2　PCM-1A 型精密电容测量仪

九、附

PCM-1A 型精密电容测量仪使用方法

PCM-1A 型精密电容测量仪用于测量液体的电容和介电常数，采用四位半数字显示，易读，便于计算。实物图见图 27-2 所示。操作方法如下。

（1）插上电源插头，打开电源开关，使仪器预热 20min。

（2）将电容仪与电容池连接线先接一根（只接电容仪，不接电容池），调节零电位器使数字表头指示为零。

（3）将两根连接线都与电容池接好，此时数字表头上所示值即为空气的电容值。

（4）在电容池内加入待测样品，便可从数字表头上读出有介质时的电容值。必须用移液管加样品，每次加入的样品量必须相同。

（5）用注射器抽出电容池内的样品，并用洗耳球对电容池吹气，使电容池内液体样品全部挥发后才能加入新样品。

实验二十八　黏度法测定高聚物分子量（设计性实验）

一、实验目的

1. 了解黏度法测定高聚物分子量的基本原理和公式。

2. 掌握用乌氏黏度计测定高聚物溶液黏度的原理与方法。

3. 测定聚丙烯酰胺的黏均分子量。

4. 培养学生灵活运用所学知识和技能解决实际问题的能力，激发学生的创造性。

二、实验原理

高聚物分子量不仅反映了高聚物分子的大小，而且直接关系到它的物理性能，是个重要的基本参数。测定高聚物分子量的方法很多，比较起来，黏度法设备简单，操作方便，并有很好的实验精度，是最常用的方法。

流体在流动时必须克服内摩擦阻力，阻力大小可用黏度 η 来表示。高聚物溶液的黏度 η 一般比纯溶剂的黏度 η_0 要大得多，原因是高聚物分子的链长度远大于溶剂分子，再加上溶剂化作用，使其在流动时受到较大内摩擦力。下面是黏度法测高聚物分子量常用到的几个术语：

$$\eta_r = \frac{\eta}{\eta_0} \qquad\qquad 相对黏度(无量纲)$$

$$\eta_{sp} = \frac{\eta - \eta_0}{\eta_0} = \eta_r - 1 \qquad\qquad 增比黏度(无量纲)$$

$$\eta_{sp}/c \qquad\qquad 比浓黏度(浓度^{-1})$$

当 $c \to 0$ 时，η_{sp}/c 趋近一固定极限值 $[\eta]$，称为特性黏度，即：

$$\lim_{c \to 0} \frac{\eta_{sp}}{c} = [\eta] \qquad\qquad (28\text{-}1)$$

纯溶剂黏度 η_0 反映了溶剂分子间的内摩擦力；高聚物溶液的黏度 η 是高聚物分子间、溶剂分子间和高聚物分子与溶剂分子间三者内摩擦之和。η_r 反映的是高聚物溶液的内摩擦相对于溶剂增加的倍数。η_{sp} 是扣除了溶剂分子间的内摩擦力，仅反映高聚物分子间及高聚物分子与溶剂分子间的内摩擦力。$[\eta]$ 是指溶液无限稀时，高聚物分子与溶液分子间的内摩擦，此时，高聚物分子间彼此相距很远，相互作用可以忽略。$[\eta]$ 值取决于溶剂的性质、高聚物分子的大小和其在溶液中的形态。

η_{sp}/c 与 c 和 $\ln\eta_r/c$ 与 c 之间分别符合下述经验公式：

$$\frac{\eta_{sp}}{c} = [\eta] + \kappa[\eta]^2 c \qquad\qquad (28\text{-}2)$$

$$\frac{\ln\eta_r}{c} = [\eta] - \beta[\eta]^2 c \qquad\qquad (28\text{-}3)$$

式中，κ 和 β 分别称为 Huggins 和 Kramer 常数。

另外也可以证明：

$$\lim_{c \to 0} \frac{\ln\eta_r}{c} = [\eta] \qquad\qquad (28\text{-}4)$$

所以将 $\frac{\eta_{sp}}{c}$ 对 c 和 $\frac{\ln\eta_r}{c}$ 对 c 作图均为直线，其截距为 $[\eta]$，如图 28-1 所示，通过外推法，$c = 0$ 即可得到 $[\eta]$。

$[\eta]$ 与高聚物分子量的关系可用下列经验方程表示：

$$[\eta] = K\overline{M}^\alpha \qquad\qquad (28\text{-}5)$$

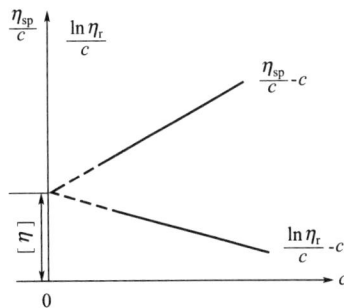

图 28-1　外推法求 $[\eta]$ 示意图

式中，$\overline{M}$ 是分子量的平均值。因为它是用黏度法求得的，故称为黏均分子量。K 和 α 是经验方程中的两个参数。对一定的高聚物，在一定的溶剂和温度下，它们均为常数，可由其他实验方法（如渗透压法）测出或直接从文献中查出。

由此可见，黏度法测定高聚物的分子量，最后归结为测定其特性黏度 $[\eta]$。特性黏度 $[\eta]$ 可用乌氏黏度计，测定溶剂和溶液在毛细管中的流出时间，求得相对黏度 η_r，再由图 28-1 求得 $[\eta]$。

三、实验任务

设计并完成用黏度法测定高聚物的分子量。

四、实验要求

1. 预习部分（实验前一周上交实验方案）

（1）学习黏度法测定高聚物分子量的基本原理；

（2）写出高聚物分子量测定的有关文献综述；

（3）查阅所测高聚物的 K 和 α 值；

（4）设计测定操作步骤及实验注意事项；

（5）列出拟使用的仪器设备，并画出仪器装置图；

（6）列出所用药品。

2. 实验部分

（1）预先向指导教师提出申请，确定实验时间；

（2）完成实验的具体操作；

（3）做好实验记录，教师签字认可。

3. 报告部分

（1）对实验数据进行处理；

（2）给出实验结果；

（3）以论文形式撰写实验报告。

五、实验提示

1. 黏度计必须洁净，高聚物溶液中若有絮状物，不能将它移入黏度计中，过滤后方可使用。

2. 本实验中溶液的稀释是直接在黏度计中进行的，因此每加入一次溶剂进行稀释时必须混合均匀。

3. 实验过程中恒温槽的温度要恒定，溶液每次稀释恒温后才能测量。

4. 黏度计要垂直放置，实验过程中不要振动黏度计，否则影响结果的准确性。

5. 黏度计的毛细管内径选择，可根据所测物质的黏度而定，内径太细，容易堵塞，内径太粗，测量误差太大，一般选择测水时流经毛细管的时间大于 100s，在 120s 左右为宜。

6. 为了绘图方便，引进相对浓度 c'，即 $c' = c/c_1$。其中，c 表示溶液的真实浓度，c_1 表示溶液的起始浓度，由图 28-1 可知，$[\eta] = $ 截距$/c_1$。

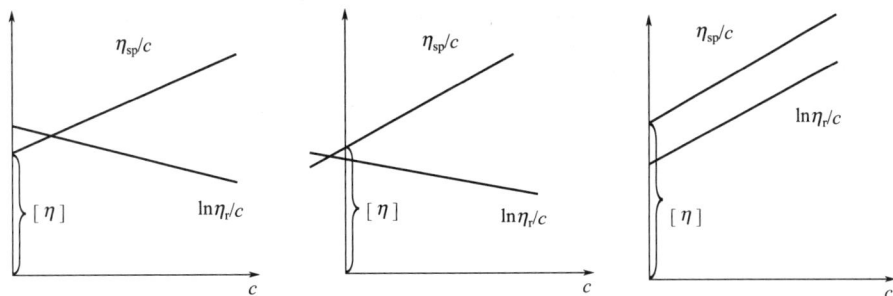

图 28-2 测定中的异常现象示意图

7. 作图时若两直线不能在纵轴上交于一点，则取 $\eta_{sp}/c\text{-}c$ 直线的截距作为 $[\eta]$（见图 28-2）。

六、思考题

1. 试列举影响准确测定的因素有哪些？
2. 黏度法测定高聚物分子量有何局限？该法适用的高聚物分子量范围是多少？
3. 分析 $\eta_{sp}/c\text{-}c$ 及 $\ln\eta_r/c\text{-}c$ 作图缺乏线性的原因？

实验二十九 金属腐蚀速度的测定及缓蚀剂性能评价（设计性实验）

一、实验目的

1. 了解金属腐蚀的机理以及腐蚀速度的表征方法。
2. 掌握极化曲线外延法或线性极化法测定金属腐蚀速度的原理与方法。
3. 掌握缓蚀剂性能评价的一般方法。

二、实验原理

金属腐蚀的定义是："金属在环境介质的作用下，由于化学反应、电化学反应或物理溶解而产生的破坏"。金属的电化学腐蚀是在电解质溶液中进行的腐蚀过程。

极化曲线外延法：对于活化极化控制的腐蚀体系，电极电位与外加极化电流密度的函数关系如下。

$$i_a = i_k\left\{\exp\left[\frac{2.3(E-E_k)}{b_a}\right] - \exp\left[\frac{2.3(E_k-E)}{b_c}\right]\right\} \tag{29-1}$$

$$i_c = i_k\left\{\exp\left[\frac{2.3(E_k-E)}{b_c}\right] - \exp\left[\frac{2.3(E-E_k)}{b_a}\right]\right\} \tag{29-2}$$

上式中，E 为电极电位；E_k 为自然腐蚀电位；i_a、i_c、i_k 分别为氧化过程、还原过程的电流密度以及自然腐蚀电流密度；b_a、b_c 分别为氧化过程、还原过程的塔菲尔系数。

当极化电位偏离自然腐蚀电位足够远时（通常为 $>\dfrac{100}{n}$mV），极化电位与外加电流密度服从较为简单的函数关系：

$$i_a = i_k \exp\left[\frac{2.3(E-E_k)}{b_a}\right] \tag{29-3}$$

$$i_c = i_k \exp\left[\frac{2.3(E_k-E)}{b_c}\right] \tag{29-4}$$

或者表示为线性的对数关系：

$$E - E_k = -b_a \lg i_k + b_a \lg i_a \tag{29-5}$$

$$E_k - E = -b_c \lg i_k + b_c \lg i_c \tag{29-6}$$

由此表明，在 E-$\lg i$ 坐标中（即半对数坐标）的强极化区的极化曲线呈线性关系，此即我们熟知的塔菲尔方程，该直线称为塔菲尔直线。

这样的极化曲线（图 29-1）可以分为三个区。(1) 线性区：AB，$A'B'$ 段；(2) 弱极化区：BC，$B'C'$ 段；(3) 塔菲尔区：直线 CD，$C'D'$ 段。塔菲尔区的直线斜率表征了极化的阻滞程度。把塔菲尔区的 CD，$C'D'$ 段外推至与自然腐蚀电位 E_k 的水平线相交于 O

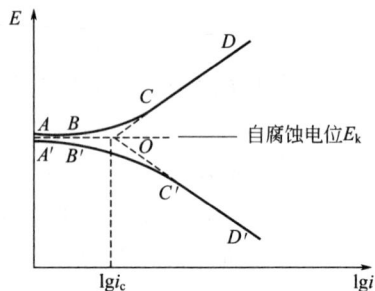

图 29-1　极化曲线法测定金属腐蚀速度示意图

点，此点所对应的电流密度即为金属的自然腐蚀电流密度，此时 $i_a = i_c = i_k$。因此，从塔菲尔直线的交点或塔菲尔直线延伸到 E_k 处的交点可求出该体系的自然腐蚀电流密度，这就是极化曲线外延法或塔菲尔直线外延法。

极化曲线外延法测定金属腐蚀速度较为简便，但测试时间长，受金属表面状态及表面层溶液影响大，测试精度较差。

线性极化法：对活化极化控制的腐蚀金属，当自然腐蚀电位 E_k 相距两个局部反应的平衡电位甚远时，描述极化电流 I 与电极电位 E 的基本方程为：

$$I = i_k \left\{ \exp\left[\frac{2.3(E-E_k)}{b_a}\right] - \exp\left[\frac{2.3(E_k-E)}{b_c}\right] \right\} \tag{29-7}$$

对上式微分并进行适当的数学变换，可以导出：

$$\left(\frac{\mathrm{d}I}{\mathrm{d}E}\right)_{E_k} = i_k \frac{2.3(b_a+b_c)}{b_a b_c} \tag{29-8}$$

其中 $\left(\dfrac{\mathrm{d}I}{\mathrm{d}E}\right)_{E_k}$ 称为极化电导，其倒数为极化电阻 R_p，利用 E-I 极化曲线在腐蚀电位 E_k 处的斜率及塔菲尔常数 b_a 或 b_c，通过式(29-8) 可求出自然腐蚀电流 i_k。此方法称为线性极化法或极化电阻技术。

运用线性极化技术的关键是利用恒电位方波电路或动电位法准确测定 R_p 值。线性极化技术在快速测定金属腐蚀体系的瞬时腐蚀速度时独具优点，可以定量测定金属材料的全面腐蚀技术，比较耐蚀性能，用于研究合金元素的作用及表面膜的耐蚀性能，筛选缓蚀剂以及确定缓蚀剂的最佳用量，还可以定性判断局部腐蚀的倾向。

三、实验任务

1. 测定碳钢在活化极化控制的腐蚀体系（如稀硫酸溶液）中的自然腐蚀速率。

2. 结合实验室条件，选择合适缓蚀剂（如肉桂醛、EDTA 等），设计并完成其缓蚀性能的测定。

四、实验要求

1. 预习部分

（1）查阅电化学方法测定金属腐蚀速度的有关文献，写出 1000～1500 字左右的综述。

（2）熟悉恒电位仪的工作原理及其使用方法的基本原理。

（3）确定金属腐蚀速率测定所用电解池的形式（包括盐桥、电极、安装方式等），以及基本操作步骤与必要的实验参数。

（4）列出拟使用的仪器设备和药品，并画出仪器装置简图。

（5）根据文献调研的结果，给出实验的预期效果及实验注意事项。

（6）实验方案应在实验前一周提交。

2. 实验部分

（1）预先向指导教师提出申请，确定实验时间。

（2）完成实验设计的具体操作。

（3）做好实验记录，教师签字认可。

3. 报告部分

对实验数据进行处理，给出实验结果，并以科研论文形式提交一份实验报告。报告内容包括：文献综述、实验内容、结果与讨论等部分。

实验三十　希托夫法测定离子迁移数

一、实验目的

1. 掌握希托夫法测定电解质溶液中离子迁移数的原理和方法。
2. 掌握离子迁移数测定装置的使用方法。

二、实验原理

电解质溶液依靠离子的定向迁移而导电，为了使电流能够通过电解质溶液，需将两个导体作为电极浸入溶液，使电极与溶液直接接触。当电流通过电解质溶液时，溶液中的正、负离子各自向阴、阳两极迁移，同时电极上有氧化还原反应发生。反应物的物质的量与通过电极的电量关系服从法拉第定律。通过溶液的电量等于正、负离子迁移电量之和。由于各种离子的迁移速率不同，各自所带过去的电流或电量也必然不同。每种离子所带过去的电流或电量与通过溶液的总电流或总电量之比，称为该离子在此溶液中的迁移数，用符号 t_B 表示，其定义式为：

$$t_B = \frac{I_B}{I} = \frac{Q_B}{Q}$$

（30-1）

式中，t_B 为量纲为一的量。根据迁移数的定义，正、负离子迁移数分别为：

$$t_+ = \frac{I_+}{I} = \frac{Q_+}{Q} = \frac{\nu_+}{\nu_+ + \nu_-}, \quad t_- = \frac{I_-}{I} = \frac{Q_-}{Q} = \frac{\nu_-}{\nu_+ + \nu_-} \tag{30-2}$$

式中，ν_+、ν_- 为正负离子的移动速率。

离子在电场中的移动速率，除了与离子本性、溶剂性质、溶液浓度及温度等因素有关外，还与电场强度有关。因此，为了比较，常将离子 B 在指定溶剂中电场强度 $E = 1V \cdot m^{-1}$ 时的运动速率称为该离子的电迁移率（曾称为离子淌度），以 μ_B 表示：

$$\mu_B = \frac{\nu_B}{E} \tag{30-3}$$

电迁移率的单位为 $m^2 \cdot V^{-1} \cdot s^{-1}$。

将式(30-3)代入式(30-2)可得：

$$t_+ = \frac{I_+}{I} = \frac{Q_+}{Q} = \frac{\mu_+}{\mu_+ + \mu_-}, \quad t_- = \frac{I_-}{I} = \frac{Q_-}{Q} = \frac{\mu_-}{\mu_+ + \mu_-} \tag{30-4}$$

$$t_+ + t_- = 1 \tag{30-5}$$

希托夫法是根据电解前后阴、阳电极区电解质数量的变化来求算离子迁移数的。用分析的方法求知阴、阳两个电极区电解质溶液浓度的变化，再用电量计求得电解过程中所通过的总电量，就可以根据物料平衡来计算出离子迁移数。以铜为电极电解稀硫酸铜溶液为例，在电解后，阴极区 Cu^{2+} 的浓度变化是由两种原因引起的，一是 Cu^{2+} 的迁入，二是 Cu^{2+} 在阴极上发生还原反应 $1/2Cu^{2+} + e^- \longrightarrow 1/2Cu(s)$。

所以 Cu^{2+} 的物质的量的变化（阴极区）为：

$$n_后 = n_前 + n_迁 - n_电 \tag{30-6}$$

式中，$n_前$ 为电解前阴极区存在的 Cu^{2+} 的物质的量；$n_后$ 为电解后阴极区存在的 Cu^{2+} 的物质的量；$n_电$ 为电解过程中阴极还原生成的 Cu 的物质的量，也等于铜电量计阴极上 Cu^{2+} 析出 Cu 的量；$n_迁$ 为电解过程中 Cu^{2+} 迁入阴极区的物质的量。

故

$$n_迁 = n_后 - n_前 + n_电$$

$$t_{Cu^{2+}} = \frac{n_迁}{n_电}$$

$$t_{SO_4^{2-}} = 1 - t_{Cu^{2+}}$$

阳极区 Cu^{2+} 的浓度变化分析方法与阴极区类似。

希托夫法测定离子的迁移数至少包括两个假定：①电的输送者只是电解质的离子，溶剂水不导电；②不考虑离子水化现象。

本实验采用碘量法测定溶液中 Cu^{2+} 浓度，每 1mol Cu^{2+} 消耗 1mol $S_2O_3^{2-}$：

$$2Cu^{2+} + 4I^- \Longrightarrow 2CuI \downarrow + I_2$$

$$I_2 + 2S_2O_3^{2-} \Longrightarrow 2I^- + S_4O_6^{2-}$$

三、仪器与试剂

仪器：迁移管 1 套；铜电极 2 只；离子迁移数测定仪 1 台；铜电量计 1 台；分析天平 1 台；碱式滴定管（250mL）1 只；碘量瓶（250mL）2 只；移液管（20mL）3 只；量筒（100mL）1 个。

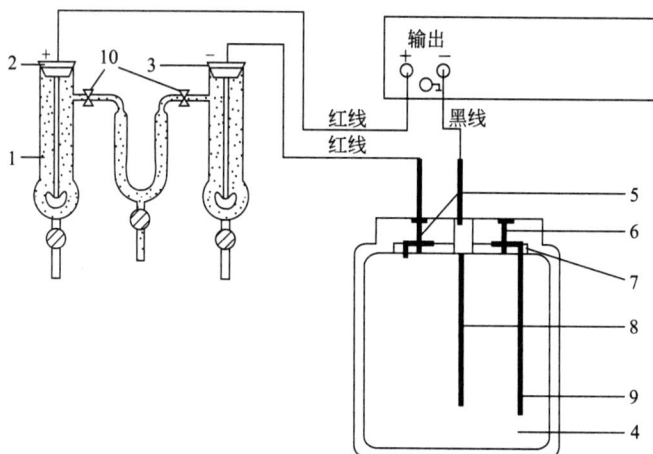

图 30-1　希托夫法离子迁移数测定装置

1—迁移管；2—阳极；3—阴极；4—库仑计；5—阴极插座；

6—阳极插座；7—电极固定板；8—阴极铜片；9—阳极铜片；10—活塞

试剂：硫酸铜溶液（0.05mol·dm^{-3}）；HNO$_3$（1mol·dm^{-3}）；乙酸溶液（1mol·dm^{-3}）；KI 溶液（10%）；淀粉指示剂（0.5%）；硫代硫酸钠溶液（0.0500mol·dm^{-3}）。

四、实验步骤

1. 用去离子水洗净迁移管，然后用 0.05mol·dm^{-3}的 CuSO$_4$ 溶液润洗迁移管，并安装到迁移管固定架上，用硫酸铜溶液充满迁移管，注意连接臂中不能有气泡。铜电极外表有氧化层用细砂纸打磨并清洗干净。

2. 将铜电量计中阴极、阳极铜片取下，先用细砂纸磨光，除去外表氧化层，用蒸馏水洗净，用乙醇淋洗并吹干，在分析天平上称量，装入电量计中。

3. 按图 30-1 所示连接好迁移管、离子迁移数测定仪和铜电量计。

4. 接通电源，调节电流强度 15mA 左右，连续通电 60min 后关闭电源，并迅速关闭迁移管的旋塞。

5. 将铜电量计中阴极、阳极铜片取下，用蒸馏水洗净，用乙醇淋洗并吹干，在分析天平上重新称量。

6. 打开阳极区、阴极区底部的旋塞，分别将阳极区溶液和阴极区溶液放入两个预先称量并干燥的锥形瓶中，得到阳、阴极区溶液的总质量 $m_{总,阳}$ 和 $m_{总,阴}$。

7. 分别移取 10mL 阴、阳极区和原溶液，加入 10%KI 溶液 10mL 1mol·dm^{-3}乙酸溶液 10mL，用标准硫代硫酸钠溶液滴定，滴至淡黄色，加入 1mL 0.5%淀粉，再滴至蓝紫色消失。

8. 根据阴、阳极区和原溶液的滴定结果及铜片质量变化，计算两个电极区正、负离子迁入、迁出的量及离子迁移数。

五、注意事项

1. 实验中的铜电极必须是纯度为 99.999%的电解铜。

2. 实验过程中但凡能引起溶液扩散、搅动等的因素必须防止。电极阴、阳极的位置能对调，迁移数管与电极不能有气泡，两极上的电流密度不能太大。

3. 本实验中各局部的划分应正确，不能将阳极区与阴极区的溶液错划入中部，以防引起实验误差。因此，停止通电后，必须先关闭活塞 1 和 2，然后才能测量阴、阳极区 $CuSO_4$ 溶液的体积。

4. 阴、阳极区 $CuSO_4$ 溶液的浓度差异很小，为了防止误差，宜分别用干净的移液管直接移取通电后的阴、阳极区 $CuSO_4$ 溶液进行滴定。测量体积时将用于滴定的体积计算在内。

5. 本实验由铜库仑计的质量变化计算电量，因此称量与前处理都很重要，需仔细进行。

六、数据处理

1. 数据记录

室温/℃		电流强度/mA			通电时间/min		
库仑计铜片质量/g		铜片 1				铜片 2	
		通电前	通电后		通电前		通电后
$CuSO_4$ 溶液的质量/g		阳极区			阴极区		
		空瓶质量	空瓶+溶液质量	溶液质量	空瓶质量	空瓶+溶液质量	溶液质量
$Na_2S_2O_3$ 原液浓度/mol·dm^{-3}				$Na_2S_2O_3$ 标准溶液浓度/mol·L^{-1}			
Cu^{2+} 浓度的测定	试剂体积/mL	滴定前 $Na_2S_2O_3$ 标准溶液读数/mL	滴定后 $Na_2S_2O_3$ 标准溶液读数/mL		消耗 $Na_2S_2O_3$ 标准溶液体积/mL		Cu^{2+} 浓度/mol·dm^{-3}
通电前							
阳极区							
阴极区							

2. 数据处理

根据阴、阳电极区硫酸铜溶液电解前后浓度变化及库仑计铜片质量变化，计算 $n_{迁}$、$t_{Cu^{2+}}$ 和 $t_{SO_4^{2-}}$。

七、思考题

1. 通过电量计阴、阳极的电流密度为什么不能太大？
2. 通电前后中部区溶液的浓度改变时，须重做实验，为什么？
3. 分析本实验的误差来源。

实验三十一　线性电位扫描法测量镍在硫酸溶液中的钝化行为（设计性实验）

一、实验目的

1. 了解金属钝化行为的原理和测量方法。
2. 掌握线性电位扫描法测定镍在硫酸溶液中的阳极极化曲线和钝化行为。

3. 测定氯离子浓度对镍钝化的影响。

二、实验原理

1. 金属的阳极过程

金属的阳极过程是指金属作为阳极发生电化学溶解的过程，如下式所示：

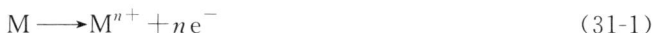

$$M \longrightarrow M^{n+} + ne^- \tag{31-1}$$

在金属的阳极溶解过程中，其电极电势必须高于其热力学电势，电极过程才能发生，这种电极电势偏离其热力学电势的现象称为极化现象。当阳极极化不大时，阳极过程的速率随着电势变正而逐渐增大，这是金属的正常溶解。但当电极电势正到某一数值时，其溶解速率达到最大，而后，阳极溶解速率随着电势变正，反而大幅度降低，这种现象称为金属的钝化现象。金属钝化一般可分为化学钝化和电化学钝化。金属处于钝化状态时，其溶解速率较小，一般为 $10^{-8} \sim 10^{-6} \mathrm{A \cdot cm^{-2}}$。

2. 影响金属钝化过程的几个因素

金属钝化现象十分常见，影响金属钝化过程及钝态性质的因素主要有以下几点。

（1）溶液的组成

当溶液中存在 H^+、卤素离子以及某些具有氧化性的阴离子时，对金属的钝化现象影响较为明显。相较于酸性和碱性溶液，中性溶液中，金属较易钝化。这是与阳极反应产物的溶解度有关的。氯离子能够显著影响几十种金属的钝化，即使已经钝化的金属也容易被氯离子活化，而使金属的阳极溶解速率重新增加。而某些具有氧化性的阴离子（如 CrO_4^{2-}）则可以促进金属的钝化。

（2）金属的化学组成和结构

不同的金属其钝化能力也不相同。一般地，在合金中添加易钝化的金属，能够显著提高合金的钝化能力及钝化后的稳定性。不锈钢就是在钢铁中添加铬、镍，提高钢铁的钝化能力。

（3）外界因素（如温度、搅拌等）

一般地，升高温度、提高搅拌速率能够推迟或防止钝化过程的发生。

3. 恒电势阳极极化曲线的测量原理和方法

采用电化学工作站通过控制电势法测量极化曲线时，一般将研究电极的电势恒定地维持在所需值，测量对应于该电势下的电流。在电极表面，当未建立稳定状态，电流会随时间而改变，故一般测出的曲线为"暂态"极化曲线。实际测量中，常采用静态法和动态法两种方式进行测量。

（1）静态法

将电极电势较长时间地维持在某一恒定值，同时测量电流随时间的变化，直到电流值基本上达到某一稳定值。如此逐点测量不同电极电势（如每隔 20mV、50mV 或 100mV）下的稳定电流值，以获得完整的极化曲线。

（2）动态法

控制电极电势以较慢的速率连续地改变（扫描），并测量对应电势下的瞬间电流值，并以瞬时电流与对应的电极电势作图，获得整个极化曲线。所采用的扫描速率（即电势变化的速率）需要根据研究体系的性质选定。一般地，电极表面建立稳态的速率越慢，则扫描速率也应越慢，这样才能使所测得的极化曲线与静态法接近。

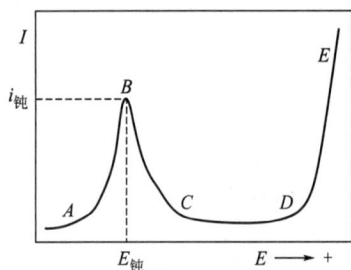

图 31-1　钝化曲线示意图

上述两种方法已获得广泛的应用。比较测定结果，静态法测量结果虽较接近稳态值，但测量时间太长。

用动态法测量金属的阳极极化曲线时，对于大多数金属均可得到如图 31-1 所示的形状。图中的曲线可分为四个区域：

① AB 段为活性溶解区，此时金属进行正常的阳极溶解，阳极电流随电位的变化符合 Tafel 公式。

② BC 段为过渡钝化区，电位达到 B 点时，电流为最大值，此时的电流称为钝化电流（$I_{钝}$），所对应的电位称为临界电位或钝化电位（$E_{钝}$），电位过 B 点后，金属开始钝化，其溶解速率不断降低并过渡到钝化状态（C 点之后）。

③ CD 段为稳定钝化区。在该区域中金属的溶解速率基本上不随电位而改变，此时的电流密度称为钝态金属的稳定溶解电流密度。

④ DE 段为过钝化区，D 点之后阳极电流又重新随电位的正移而增大。此时可能是高价金属离子的产生，也可能是水的电解而析出 O_2，还可能是两者同时出现。

三、实验任务

1. 测定镍在不同浓度的硫酸溶液中的钝化行为。

2. 结合实验室条件，选择合适的电解质（氯化钠、氯化钾等），设计并完成镍在不同浓度电解质溶液中的钝化行为。

四、实验要求

1. 预习部分

（1）查阅恒电位法测定金属钝化曲线的相关文献。

（2）学习电化学工作站的使用方法。

（3）熟悉电化学法测定金属钝化的原理。

（4）列出设备和药品。

2. 实验部分

（1）预先向指导老师提出申请，预约实验时间。

（2）完成实验具体操作。

（3）做好实验记录，教师签字认可。

3. 报告部分

（1）对实验数据进行处理。

（2）给出实验结果。

（3）以论文形式撰写实验报告。

附　录

国际单位制的基本单位

量	单位名称	单位符号	量	单位名称	单位符号
长度	米	m	热力学温度	开[尔文]	K
质量	千克(公斤)	kg	物质的量	摩[尔]	mol
时间	秒	s	光强度	坎[德拉]	cd
电流	安[培]	A			

常用的 SI 导出单位

量		单位		
名　称	符号	名　称	符号	定　义　式
频率	ν	赫[兹]	Hz	s^{-1}
能量	E	焦[耳]	J	$kg \cdot m^2 \cdot s^{-2}$
力	F	牛[顿]	N	$kg \cdot m \cdot s^{-2} = J \cdot m^{-1}$
压力、应力	p	帕[斯卡]	Pa	$kg \cdot m^{-1} \cdot s^{-2} = N \cdot m^{-2}$
功率	P	瓦[特]	W	$kg \cdot m^2 \cdot s^{-3} = J \cdot s^{-1}$
电量、电荷	Q	库[仑]	C	$A \cdot s$
电位;电压;电动势	U	伏[特]	V	$kg \cdot m^2 \cdot s^{-3} \cdot A^{-1} = J \cdot A^{-1} \cdot s^{-1}$
电阻	R	欧[姆]	Ω	$kg \cdot m^2 \cdot s^{-3} \cdot A^{-2} = V \cdot A^{-1}$
电导	G	西[门子]	S	$kg^{-1} \cdot m^{-2} \cdot s^3 \cdot A^2 = \Omega^{-1}$
电容	C	法[拉]	F	$A^2 \cdot S^1 \cdot kg^{-1} \cdot m^{-2} = A \cdot s \cdot V^{-1}$
磁通量	Φ	韦[伯]	Wb	$kg \cdot m^2 \cdot s^{-2} \cdot A^{-1} = V \cdot s$
电感	L	亨[利]	H	$kg \cdot m^2 \cdot s^{-2} \cdot A^{-2} = V \cdot A^{-1} \cdot s$
磁通量密度(磁感应强度)	B	特[斯拉]	T	$kg \cdot s^{-2} \cdot A^{-1} = V \cdot s$

一些物理和化学的基本常数(1986 年国际推荐值)

量	符号	数　值	单位
光速	c	299792458	$m \cdot s^{-1}$
真空磁导率	μ_0	4π	$10^{-7} N \cdot A^{-2}$
		12.566370614…	$10^{-7} N \cdot A^{-2}$
真空电容率, $1/(\mu^0 C^2)$	ε_0	8.854187817…	$10^{-12} F \cdot m^{-1}$

续表

量	符号	数　　值	单位
牛顿引力常数	G	6.67259(85)	$10^{-11}\,m^3 \cdot kg^{-1} \cdot s^{-2}$
普朗克常数	h	6.6260755(40)	$10^{-34}\,J \cdot s$
	$h/2\pi$	1.05457266(63)	$10^{-34}\,J \cdot s$
基本电荷	e	1.60217733(49)	$10^{-19}\,C$
电子质量	m_e	0.91093897(54)	$10^{-30}\,kg$
质子质量	m_p	1.6726231(10)	$10^{-27}\,kg$
质子-电子质量比	m_p/m_e	1836.152701(37)	
精细结构常数	α	7.29735308(33)	10^{-3}
精细结构常数的倒数	α^{-1}	137.0359895(61)	
里德伯常数	R^∞	10973731.534(13)	m^{-1}
阿伏伽德罗常数	L,N_A	6.0221367(36)	$10^{23}\,mol^{-1}$
法拉第常数	F	96485.309(29)	$C \cdot mol^{-1}$
摩尔气体常数	R	8.314510(70)	$J \cdot mol^{-1} \cdot K^{-1}$
玻尔兹曼常数(R/L_A)	k	1.380658(12)	$10^{-23}\,J \cdot K^{-1}$
斯式藩-玻尔兹曼常数($\pi^2 k^4/60h^3 c^2$)	σ	5.67051(12)	$10^{-8}\,W \cdot m^{-2} \cdot K^{-4}$
电子伏特	eV	1.60217733(49)	$10^{-19}\,J$

压力单位换算

帕斯卡(Pa)	工程大气压(kgf·cm^{-2})	毫米水柱(mmH$_2$O)	标准大气压(atm)	毫米汞柱(mmHg)
1	1.02×10^{-5}	0.102	0.99×10^{-5}	0.0075
98067	1	10^4	0.9678	735.6
9.807	0.0001	1	0.9678×10^{-4}	0.0736
101325	1.033	10332	1	760
133.32	0.00036	13.6	0.00132	1

注：$1Pa=1N \cdot m^{-2}$；1 工程大气压$=1kgf \cdot cm^{-2}$；$1mmHg=1Torr$，标准大气压即物理大气压，$1bar=10^5 N \cdot m^{-2}$。

部分有机化合物的标准摩尔燃烧焓

名称	化学式	$t/℃$	$-\Delta_c H_m^\ominus/kJ \cdot mol^{-1}$	名称	化学式	$t/℃$	$-\Delta_c H_m^\ominus/kJ \cdot mol^{-1}$
甲醇	$CH_3OH(l)$	25	726.51	己烷	$C_6H_{14}(l)$	25	4163.1
乙醇	$C_2H_5OH(l)$	25	1366.8	苯甲酸	$C_6H_5COOH(s)$	20	3226.9
草酸	$(CO_2H)_2(s)$	25	245.6	樟脑	$C_{10}H_{16}O(s)$	20	5903.6
甘油	$(CH_2OH)_2CHOH(l)$	20	1661.0	萘	$C_{10}H_8(s)$	25	5153.8
苯	$C_6H_6(l)$	20	3267.5	尿素	$NH_2CONH_2(s)$	25	631.66

注：摘自 CRC Handbook of Chemistry and Physics. 1985～1986，66th ed：D-272～278。

部分无机化合物的标准溶解热[①]

化合物	$\Delta_{sol} H_m/kJ \cdot mol^{-1}$	化合物	$\Delta_{sol} H_m/kJ \cdot mol^{-1}$	化合物	$\Delta_{sol} H_m/kJ \cdot mol^{-1}$
$BaCl_2$	-13.22	KBr	20.04	$Mg(NO_3)_2$	-85.48
$Ba(NO_3)_2$	40.38	KCl	17.24	$MgSO_4$	-91.21
$Ca(NO_3)_2$	-18.87	KNO_3	34.73	$ZnCl_2$	-71.46
$CuSO_4$	-73.26	$MgCl_2$	-155.06	$ZnSO_4$	-81.38

① 25℃下，1mol 标准状态下的纯物质溶于水生成浓度为 $1mol \cdot dm^{-3}$ 的理想溶液过程的热效应。

不同温度下 KCl 在水中的溶解热[①]

$t/℃$	$\Delta_{sol}H_m/kJ$	$t/℃$	$\Delta_{sol}H_m/kJ$	$t/℃$	$\Delta_{sol}H_m/kJ$
10	19.895	17	18.765	24	17.703
11	19.795	18	18.602	25	17.556
12	19.623	19	18.443	26	17.414
13	19.598	20	18.297	27	17.272
14	19.276	21	18.146	28	17.138
15	19.100	22	17.995	29	17.004
16	18.933	23	17.682		

① 此溶解热是指 1mol KCl 溶于 200mol 的水。

不同温度下水的饱和蒸气压

（由熔点 0℃ 至临界温度 374℃）　　　　　　　　　　单位：p/kPa

$t/℃$	0	1	2	3	4	5	6	7	8	9
0	0.61129	0.65716	0.70605	0.75813	0.81359	0.87260	0.93537	1.0021	1.0730	1.1482
10	1.2281	1.3129	1.4027	1.4979	1.5988	1.7056	1.8185	1.9380	2.0644	2.1978
20	2.3388	2.4877	2.6447	2.8104	2.9850	3.1690	3.3629	3.5670	3.7818	4.0078
30	4.2455	4.4953	4.7578	5.0335	5.3229	5.6267	5.9453	6.2795	6.6298	6.9969
40	7.3814	7.7840	8.2054	8.6463	9.1075	9.5898	10.094	10.620	11.171	11.745
50	12.344	12.970	13.623	14.303	15.012	15.752	16.522	17.324	18.159	19.028
60	19.932	20.873	21.851	22.868	23.925	25.022	26.163	27.347	28.576	29.852
70	31.176	32.549	33.972	35.448	36.978	38.563	40.205	41.905	43.665	45.487
80	47.373	49.324	51.342	53.428	55.585	57.815	60.119	62.499	64.958	67.496
90	70.117	72.823	75.614	78.494	81.465	84.529	87.688	90.945	94.301	97.759
100	101.32	104.99	108.77	112.66	116.67	120.79	125.03	129.39	133.88	138.50
110	143.24	148.12	153.13	158.29	163.58	169.02	174.61	180.34	186.23	192.28
120	198.48	204.85	211.38	218.09	224.96	232.01	239.24	246.66	254.25	262.04
130	270.02	278.20	286.57	295.51	303.93	312.93	322.14	331.57	341.22	351.09
140	361.19	371.53	382.11	392.92	403.98	415.29	426.85	438.67	450.75	463.10
150	475.72	488.61	501.78	515.23	528.96	542.99	557.32	571.94	586.87	602.11
160	617.66	633.53	649.73	666.25	683.10	700.29	717.84	735.70	753.94	772.52
170	791.47	810.78	830.47	850.53	870.98	891.80	913.03	934.64	956.66	979.09
180	1001.9	1025.2	1048.9	1073.0	1097.5	1122.5	1147.9	1173.8	1200.1	1226.9
190	1254.2	1281.9	1310.1	1338.8	1368.0	1397.6	1427.8	1458.5	1489.7	1521.4
200	1553.6	1586.4	1619.7	1653.6	1688.0	1722.9	1758.4	1794.5	1831.1	1868.4
210	1906.2	1944.6	1983.6	2023.2	2063.4	2104.2	2145.7	2187.8	2230.5	2273.8
220	2317.8	2362.5	2407.8	2453.8	2500.5	2547.9	2595.9	2644.6	2694.1	2744.2
230	2795.1	2846.7	2899.0	2952.1	3005.9	3060.4	3115.7	3171.8	3228.6	3286.3
240	3344.7	3403.9	3463.9	3524.7	3586.3	3648.8	3712.1	3776.2	3841.2	3907.0
250	3973.6	4041.2	4109.6	4178.9	4249.1	4320.2	4392.2	4465.1	4539.0	4613.7
260	4689.4	4766.1	4843.7	4922.3	5001.8	5082.3	5163.8	5246.3	5329.8	5414.3
270	5499.9	5586.4	5674.0	5762.7	5852.4	5943.1	6035.0	6127.9	6221.9	6317.0
280	6413.2	6510.5	6608.9	6708.5	6809.2	6911.1	7014.1	7118.3	7223.7	7330.2
290	7438.0	7547.0	7657.2	7768.6	7881.3	7995.2	8110.3	8226.8	8344.5	8463.5
300	8583.8	8705.4	8828.3	8952.6	9078.2	9205.1	9333.4	9463.1	9594.2	9726.7
310	9860.5	9995.8	10133	10271	10410	10551	10694	10838	10984	11131
320	11279	11429	11581	11734	11889	12046	12204	12364	12525	12688
330	12852	13019	13187	13357	13528	13701	13876	14053	14232	14412
340	14594	14778	14964	15152	15342	15533	15727	15922	16120	16320
350	16521	16725	16931	17138	17348	17561	17775	17992	18211	18432
360	18655	18881	19110	19340	19574	19809	20048	20289	20533	20780
370	21030	21283	21539	21799	22055					

注：摘译自 Lide D R. Handbook of Chemistry and Physics. 6-8～6-9，78th Ed. 1997～1998。

不同温度下水的密度

$t/℃$	$\rho/\text{g}\cdot\text{cm}^{-3}$	$t/℃$	$\rho/\text{g}\cdot\text{cm}^{-3}$	$t/℃$	$\rho/\text{g}\cdot\text{cm}^{-3}$	$t/℃$	$\rho/\text{g}\cdot\text{cm}^{-3}$
0	0.99987	15	0.99913	30	0.99567	45	0.99025
1	0.99993	16	0.99897	31	0.99537	46	0.98982
2	0.99997	17	0.99880	32	0.99505	47	0.98940
3	0.99999	18	0.99862	33	0.99473	48	0.98896
4	1.00000	19	0.99843	34	0.99440	49	0.98852
5	0.99999	20	0.99823	35	0.99406	50	0.98807
6	0.99997	21	0.99802	36	0.99371	51	0.98762
7	0.99997	22	0.99780	37	0.99336	52	0.98715
8	0.99988	23	0.99756	38	0.99299	53	0.98669
9	0.99931	24	0.99732	39	0.99262	54	0.98621
10	0.99973	25	0.99707	40	0.99224	55	0.98573
11	0.99963	26	0.99681	41	0.99186	60	0.98324
12	0.99952	27	0.99654	42	0.99147	65	0.98059
13	0.99940	28	0.99626	43	0.99107	70	0.97781
14	0.99927	29	0.99597	44	0.99066	75	0.97489

注：摘自 International Critical Tables of Numerical Data. Physics，Chemistry and Technology. Ⅲ：25.

不同温度下乙醇的密度、黏度

$t/℃$	$\rho/\text{g}\cdot\text{cm}^{-3}$	$\eta/10^{-3}\text{Pa}\cdot\text{s}$	$t/℃$	$\rho/\text{g}\cdot\text{cm}^{-3}$	$\eta/10^{-3}\text{Pa}\cdot\text{s}$
5	0.802	1.785	21	0.789	1.188
10	0.798	1.451	22	0.788	1.186
15	0.794	1.345	23	0.787	1.143
16	0.794	1.320	24	0.786	1.123
17	0.792	1.290	25	0.785	1.103
18	0.791	1.265	30	0.781	0.991
19	0.790	1.238	35	0.777	0.915
20	0.789	1.216	40	0.772	0.823

20℃ 下乙醇水溶液的密度

乙醇的质量分数/%	$\rho/\text{g}\cdot\text{cm}^{-3}$	乙醇的质量分数/%	$\rho/\text{g}\cdot\text{cm}^{-3}$	乙醇的质量分数/%	$\rho/\text{g}\cdot\text{cm}^{-3}$
0	0.99828	40	0.93518	75	0.85564
10	0.98187	45	0.92472	80	0.84344
15	0.97514	50	0.91384	85	0.83095
20	0.96864	55	0.90258	90	0.81797
25	0.96168	60	0.89113	95	0.80424
30	0.95382	65	0.87948	100	0.78934
35	0.94494	70	0.86766		

注：摘自 International Critical Tables of Numerical Data. Physics，Chemistry and Technology. Ⅲ：116.

水在不同温度下的折射率、黏度和介电常数

温度/℃	折射率 n_D	黏度[1] $\eta/10^{-3}$Pa·s	介电常数[2]ε	温度/℃	折射率 n_D	黏度[1] $\eta/10^{-3}$Pa·s	介电常数[2]ε
0	1.33395	1.7921	87.74	26	1.33240	0.8737	77.94
5	1.33388	1.5188	85.76	27	1.33229	0.8545	77.60
10	1.33369	1.3077	83.83	28	1.33217	0.8360	77.24
15	1.33339	1.1404	81.95	29	1.33206	0.8180	76.90
20	1.33300	1.0050	80.10	30	1.33194	0.8007	76.55
21	1.33290	0.9810	79.73	35	1.33131	0.7225	74.83
22	1.33280	0.9579	79.38	40	1.33061	0.6560	73.15
23	1.33271	0.9359	79.02	45	1.32985	0.5988	71.51
24	1.33261	0.9142	78.65	50	1.32904	0.5494	69.91
25	1.33250	0.8937	78.30				

① 黏度是指单位面积的液层，以单位速度流过相隔单位距离的固定液面时所需的切线力。其单位是：每平方米秒牛顿，即 N·s·m^{-2} 或 kg·m^{-1}·s^{-1} 或 Pa·s。

② 介电常数（相对）是指某物质作介质时，与相同条件真空情况下电容的比值，故介电常数又称相对电容率，无量纲。

注：摘自 John A Dean. Lange's Handbook of Chemistry. 1985：10～99.

不同温度下水的表面张力

t/℃	$\sigma \times 10^3$/N·m^{-1}	t/℃	$\sigma \times 10^3$/N·m^{-1}	t/℃	$\sigma \times 10^3$/N·m^{-1}	t/℃	$\sigma \times 10^3$/N·m^{-1}
0	75.64	17	73.19	26	71.82	60	66.18
5	74.92	18	73.05	27	71.66	70	64.42
10	74.22	19	72.90	28	71.50	80	62.61
11	74.07	20	72.75	29	71.35	90	60.75
12	73.93	21	72.59	30	71.18	100	58.85
13	73.78	22	72.44	35	70.38	110	56.89
14	73.64	23	72.28	40	69.56	120	54.89
15	73.59	24	72.13	45	68.74	130	52.84
16	73.34	25	71.97	50	67.91		

注：摘自 John A Dean. Lange's Handbook of Chemistry. 1973：10～265.

不同温度下水和乙醇的折射率[1]

t/℃	纯水	99.8%乙醇	t/℃	纯水	99.8%乙醇
14	1.33348		34	1.33136	1.35474
15	1.33341		36	1.33107	1.35390
16	1.33333	1.36210	38	1.33079	1.35306
18	1.33317	1.36129	40	1.33051	1.35222
20	1.33299	1.36048	42	1.33023	1.35138
22	1.33281	1.35967	44	1.32992	1.35054
24	1.33262	1.35885	46	1.32959	1.34969
26	1.33241	1.35803	48	1.32927	1.34885
28	1.33219	1.35721	50	1.32894	1.34800
30	1.33192	1.35639	52	1.32860	1.34715
32	1.33164	1.35557	54	1.32827	1.34629

① 相对于空气；钠光波长 589.3nm。

液体的折射率（25℃）

名 称	n_D	名 称	n_D	名 称	n_D
甲醇	1.326	乙酸乙酯	1.370	甲苯	1.494
水	1.33252	正己烷	1.372	苯	1.498
乙醚	1.352	1-丁醇	1.397	苯乙烯	1.545
丙酮	1.357	氯仿	1.444	溴苯	1.557
乙醇	1.359	四氯化碳	1.459	苯胺	1.583
醋酸	1.370	乙苯	1.493	溴仿	1.587

注：1. 钠光 $\lambda = 589.3nm$。

2. 摘自 Robert C Weast. CRC Handbook of Chem & Phys. 63th, E-375 (1982-1983).

与水形成的二元共沸物（水沸点100℃）

溶剂	沸点/℃	共沸点/℃	含水量/%	溶剂	沸点/℃	共沸点/℃	含水量/%
氯仿	61.2	56.1	2.5	甲苯	110.5	85.0	20
四氯化碳	77.0	66.0	4.0	正丙醇	97.2	87.7	28.8
苯	80.4	69.2	8.8	异丁醇	108.4	89.9	88.2
丙烯腈	78.0	70.0	13.0	二甲苯	137~140.5	92.0	37.5
二氯乙烷	83.7	72.0	19.5	正丁醇	117.7	92.2	37.5
乙腈	82.0	76.0	16.0	吡啶	115.5	94.0	42
乙醇	78.3	78.1	4.4	异戊醇	131.0	95.1	49.6
乙酸乙酯	77.1	70.4	8.0	正戊醇	138.3	95.4	44.7
异丙醇	82.4	80.4	12.1	氯乙醇	129.0	97.8	59.0
乙醚	35	34	1.0	二硫化碳	46	44	2.0
甲酸	101	107	26				

常见有机溶剂间的共沸混合物

共沸混合物	组分的沸点/℃	共沸物的组成/质量份	共沸物的沸点/℃
乙醇-乙酸乙酯	78.3, 78.0	30：70	72.0
乙醇-苯	78.3, 80.6	32：68	68.2
乙醇-氯仿	78.3, 61.2	7：93	59.4
乙醇-四氯化碳	78.3, 77.0	16：84	64.9
乙酸乙酯-四氯化碳	78.0, 77.0	43：57	75.0
甲醇-四氯化碳	64.7, 77.0	21：79	55.7
甲醇-苯	64.7, 80.4	39：61	48.3
氯仿-丙酮	61.2, 56.4	80：20	64.7
甲苯-乙酸	101.5, 118.5	72：28	105.4
乙醇-苯-水	78.3, 80.6, 100	19：74：7	64.9

25℃下醋酸在水溶液中的解离度和解离常数

$c/\text{mol·m}^{-3}$	α	$K\times10^2$	$c/\text{mol·m}^{-3}$	α	$K\times10^2$
0.1113	0.3277	1.754	12.83	0.03710	1.743
0.2184	0.2477	1.751	20.00	0.02987	1.738
1.028	0.1238	1.751	50.00	0.01905	1.721
2.414	0.0829	1.750	100.00	0.1350	1.695
5.912	0.05401	1.749	200.00	0.00949	1.645
9.842	0.04223	1.747			

注：摘自陶坤译.苏联化学手册（第三册）.科学出版社.1963：548.

25℃下标准电极电位及温度系数

电 极	电 极 反 应	$\varphi^\ominus/\text{V}$	$(\text{d}\varphi^\ominus/\text{d}T)/\text{mV·K}^{-1}$
Ag^+,Ag	$Ag^+ + e^- \Longrightarrow Ag$	0.7991	-1.000
$AgCl$,Ag,Cl^-	$AgCl + e^- \Longrightarrow Ag + Cl^-$	0.2224	-0.658
AgI,Ag,I^-	$AgI + e^- \Longrightarrow Ag + I^-$	-0.151	-0.284
Cd^{2+},Cd	$Cd^{2+} + 2e^- \Longrightarrow Cd$	-0.403	-0.093
Cl_2,Cl^-	$Cl_2 + 2e^- \Longrightarrow 2Cl^-$	1.3595	-1.260
Cu^{2+},Cu	$Cu^{2+} + 2e^- \Longrightarrow Cu$	0.337	0.008
Fe^{2+},Fe	$Fe^{2+} + 2e^- \Longrightarrow Fe$	-0.440	0.052
Mg^{2+},Mg	$Mg^{2+} + 2e^- \Longrightarrow Mg$	-2.37	0.103
Pb^{2+},Pb	$Pb^{2+} + 2e^- \Longrightarrow Pb$	-0.126	-0.451
PbO_2,$PbSO_4$,SO_4^{2-},H^+	$PbO_2 + SO_4^{2-} + 4H^+ + 2e^- \Longrightarrow PbSO_4 + 2H_2O$	1.685	-0.326
$(OH^-$,$O_2)$	$O_2 + 2H_2O + 4e^- \Longrightarrow 4OH^-$	0.401	-1.680
Zn^{2+},Zn	$Zn^{2+} + 2e^- \Longrightarrow Zn$	-0.7628	0.091

注：摘自印永嘉主编.物理化学简明手册.高等教育出版社.1988：214.

甘汞电极的电极电势与温度的关系

甘汞电极[①]	φ/V
SCE	$0.2412 - 6.61\times10^{-4}(t/℃-25) - 1.75\times10^{-6}(t/℃-25)^2 - 9\times10^{-10}(t/℃-25)^3$
NCE	$0.2801 - 2.75\times10^{-4}(t/℃-25) - 2.50\times10^{-6}(t/℃-25)^2 - 4\times10^{-9}(t/℃-25)^3$
0.1NCE	$0.3337 - 8.75\times10^{-5}(t/℃-25) - 3\times10^{-6}(t/℃-25)^2$

① SCE 为饱和甘汞电极；NCE 为标准甘汞电极；0.1NCE 为 0.1mol·dm^{-3}甘汞电极。

常用参比电极电势及温度系数

名　称	体　系	φ/V[①]	$(d\varphi/dT)/mV \cdot K^{-1}$
氢电极	$Pt, H_2 \mid H^+ (a_{H^+}=1)$	0.0000	
饱和甘汞电极	$Hg, Hg_2Cl_2 \mid$ 饱和 KCl	0.2415	-0.761
标准甘汞电极	$Hg, Hg_2Cl_2 \mid 1mol \cdot dm^{-3} KCl$	0.2800	-0.275
甘汞电极	$Hg, Hg_2Cl_2 \mid 0.1mol \cdot dm^{-3} KCl$	0.3337	-0.875
银-氯化银电极	$Ag, AgCl \mid 0.1mol \cdot dm^{-3} KCl$	0.290	-0.3
氧化汞电极	$Hg, HgO \mid 0.1mol \cdot dm^{-3} KOH$	0.165	
硫酸亚汞电极	$Hg, Hg_2SO_4 \mid 1mol \cdot dm^{-3} H_2SO_4$	0.6758	
硫酸铜电极	$Cu \mid$ 饱和 $CuSO_4$	0.316	-0.7

① 25℃；相对于标准氢电极（NCE）。

KCl 溶液的电导率[①]

$t/℃$	$c/mol \cdot dm^{-3}$			
	1.000[②]	0.1000	0.0200	0.0100
0	0.06541	0.00715	0.001521	0.000776
5	0.07414	0.00822	0.001752	0.000896
10	0.08319	0.00933	0.001994	0.001020
15	0.09252	0.01048	0.002243	0.001147
16	0.09441	0.01072	0.002294	0.001173
17	0.09631	0.01095	0.002345	0.001199
18	0.09822	0.01119	0.002397	0.001225
19	0.10014	0.01143	0.002449	0.001251
20	0.10207	0.01167	0.002501	0.001278
21	0.10400	0.01191	0.002553	0.001305
22	0.10594	0.01215	0.002606	0.001332
23	0.10789	0.01239	0.002659	0.001359
24	0.10984	0.01264	0.002712	0.001386
25	0.11180	0.01288	0.002765	0.001413
26	0.11377	0.01313	0.002819	0.001441
27	0.11574	0.01337	0.002873	0.001468
28		0.01362	0.002927	0.001496
29		0.01387	0.002981	0.001524
30		0.01412	0.003036	0.001552
35		0.01539	0.003312	
36		0.01564	0.003368	

① 电导率单位 $S \cdot cm^{-1}$。

② 在空气中称取 74.56g KCl，溶于18℃水中，稀释到1L，其浓度为 $1.000mol \cdot dm^{-3}$（密度 $1.0449g \cdot cm^{-3}$），再稀释得其他浓度溶液。

注：摘自复旦大学等编. 物理化学实验（第二版）. 高等教育出版社. 1995：455.

无限稀释离子的摩尔电导率

离　子	$\Lambda_m^\infty \times 10^4 / S \cdot m^2 \cdot mol^{-1}$			
	0℃	18℃	25℃	50℃
H^+	225	315	349.8	464
K^+	40.7	63.9	73.5	114
Na^+	26.5	42.8	50.1	82
NH_4^+	40.2	63.9	74.5	115
Ag^+	33.1	53.5	61.9	101
$1/2Ba^{2+}$	34.0	54.6	63.6	104
$1/2Ca^{2+}$	31.2	50.7	59.8	96.2
$1/2Pb^{2+}$	37.5	60.5	69.5	
OH^-	105	171	198.3	(284)
Cl^-	41.0	66.0	76.3	(116)
NO_3^-	40.0	62.3	71.5	(104)
$C_2H_3O_2^-$	20.0	32.5	40.9	(67)
$1/2SO_4^{2-}$	41	68.4	80.0	(125)
$1/2C_2O_4^{2-}$	39	(63)	72.7	(115)
F^-		47.3	55.4	

注：摘自印永嘉主编．物理化学简明手册．高等教育出版社．1988：159．

在 298K 的水溶液中，一些电解质的离子平均活度系数（活度因子）$\gamma_\pm$

$c/mol \cdot dm^{-3}$	0.01	0.02	0.03	0.05	0.07	0.09	0.10	0.20	0.50
HCl	0.904	0.875	—	0.830	—	—	0.796	0.767	0.758
KOH	0.90	0.86	—	0.82	—	—	0.80		0.73
KCl	0.901		0.846	0.815	0.793	0.776	0.790	0.719	
KF	0.930	0.920		0.880				0.810	
NH_4Cl	0.88	0.84		0.79			0.74	0.69	
Na_2SO_4	0.714	0.641		0.53			0.45	0.36	

18～25℃下难溶化合物的溶度积

化合物	K_{sp}	化合物	K_{sp}
AgBr	4.95×10^{-13}	$BaSO_4$	1×10^{-10}
AgCl	7.7×10^{-10}	$Fe(OH)_3$	4×10^{-38}
AgI	8.3×10^{-17}	$PbSO_4$	1.6×10^{-8}
Ag_2S	6.3×10^{-52}	CaF_2	2.7×10^{-11}
$BaCO_3$	5.1×10^{-9}		

注：摘自顾庆超等编．化学用表．江苏科学技术出版社．1979：6～77．

摩尔凝固点降低常数

溶 剂	凝固点/℃	K_f	溶 剂	凝固点/℃	K_f
环己烷	6.54	20.0	酚	40.90	7.40
溴仿	8.05	14.4	萘	80.290	6.94
醋酸	16.66	3.90	樟脑	178.75	37.7
苯	5.553	5.12	水	0.0	1.853

注：数据摘自 John A Dean. Lange's Handbook of Chemistry，1979：10-80.

一些溶胶的聚沉值　　　　　　　　单位：$mmol \cdot dm^{-3}$

溶 胶	As_2S_3	$Fe(OH)_3$	SiO_2	Al_2O_3	溶 胶	As_2S_3	$Fe(OH)_3$	SiO_2	Al_2O_3
NaCl	51.0	103.1	100	77	K_2CrO_4		(0.19)		0.36
KCl	48.6	9.0		80	$K_4[Fe(CN)_6]$		0.069		0.05~0.08
KNO_3		(12)			$K_3[Fe(CN)_6]$		0.096		0.08~0.10
Na_2CO_3		131.2			$CaCl_2$	(0.082)			
K_2SO_4		(0.2)		0.28	$AlCl_3$	(0.085)			
Na_2SO_4		0.22	100		$BaCl_2$	(0.77)		(15)	
$Na_2C_2O_4$		0.24							

参 考 文 献

［1］ 孙尔康，徐维清，邱金恒. 物理化学实验. 南京：南京大学出版社，1998.

［2］ 王家慧，张连娣. 大学物理实验教程. 3版. 北京：机械工业出版社，2010.

［3］ 徐国财. 物理化学实验指导. 合肥：安徽科学技术出版社，2005.

［4］ 顾惕人，朱步瑶，李外郎，等. 表面化学. 北京：科学出版社，1994.

［5］ 复旦大学，等. 物理化学实验. 3版. 北京：高等教育出版社，2003.

［6］ 赵国玺. 表面活性剂物理化学. 北京：北京大学出版社，1984.

［7］ 傅献彩，等. 物理化学（上、下）. 6版. 北京：高等教育出版社，2022.

［8］ 刘寿长，等. 物理化学实验与技术. 郑州：郑州大学出版社，2004.

［9］ 刘建兰，等. 物理化学实验. 2版. 北京：化学工业出版社，2025.

［10］ 北京大学化学学院物理化学实验教学组. 物理化学实验. 4版. 北京：北京大学出版社，2002.

［11］ 徐光宪. 物质结构. 北京：高等教育出版社，1987.

［12］ 东北师范大学等校. 物理化学实验. 北京：高等教育出版社，1981.

［13］ 山东大学. 物理化学与胶体化学实验. 2版. 北京：高等教育出版社，1990.

［14］ 刘勇健，孙康，等. 物理化学实验. 徐州：中国矿业大学出版社，2005.

［15］ 郑传明，吕桂琴. 物理化学实验. 北京：北京理工大学出版社，2005.

［16］ 吴荫顺. 金属腐蚀研究方法. 北京：冶金工业出版社，1993.

［17］ 宋诗哲. 腐蚀电化学研究方法. 北京：化学工业出版社，1988.

［18］ 张天胜. 缓蚀剂. 北京：化学工业出版社，2002.